超越地表最強小編！

社群加薪時代

讓你幫自己每月**加薪**20%

社群經營達人冒牌生不藏私**最完整圖文教學**，

FB、IG、LINE、YT……自媒體變現全攻略

冒牌生_著

自序

疫情後的數位化挑戰

Hello 大家好，我是冒牌生，這本書是我成為冒牌生十週年的紀念。

這兩年世界有很多改變，我也經歷了一些人生的巨變，就在我成為作家、經營社群，累積一點知名度後，接到了許多業配合作的機會。

2017 年寫完上一本書後，我陷入了低潮。一次失敗的玻尿酸隆鼻醫美手術，導致右眼失明，鼻子重建了十幾次，至今臉上依然有疤痕，右眼也是失明的狀態。

這件事曾經鬧上新聞版面，但更嚴重的是，我開始屢次質疑自己存在的價值，我怕右眼失明會讓我成為一個廢人，臉上的疤痕會讓我成為一個怪物，不受人待見。更擔心再也沒辦法錄影、拍照，經營社群和個人品牌。

人總要在最痛苦的時候，才會思考未來的方向，我也在住院休養的時候遇到了改變契機，也讓這本書有了誕生的機會。

那時候，我發現照顧我的男看護阿杰，平常的工作是一名汽車鈑金工人，於是我問道：「這個工作是體力活，你能持續做多久？」

阿杰告訴我，他今年 28 歲，結婚後生了兩個小孩，由於工作長期需要搬重物，會落下腰痠背痛的問題，他也不知道自己能做多久。

我隨口一提：「那你家還有在做什麼嗎？」

阿杰說，他爸爸在苗栗種柚子，於是我讓他帶著筆電來病房，一步一步的教他架設 FB 粉絲專頁，以及如何下廣告。在 10 天內，累積了超過 1 萬名粉絲，並協助他用社群的方式，幫爸爸賣柚子。

這個舉動，不但讓阿杰開啟了另一個斜槓，也讓我發現其他的可能。**我可以運用自己的經驗，幫助有需要的人，從無到有建置專屬社群，並且幫助他們從中開創事業。**

秉持著這個想法，我後來受邀開了非常多的社群課程，從 NIKE、Toyota 這些大企業，到全臺各地的政府單位；學生類型也從保險業務、直銷品牌到小資經營的美髮師、霧眉師，甚至是民宿業者、年紀略長的小農……，各式各樣的族群，我幾乎都教過。

這些實戰經驗更讓我察覺到，企業小編所需要的技能，與校長兼撞鐘的個人創業者所需的社群技能大有不同。所以，這本書的內容不只是著重在社群經營，更是要**協助個人創業者，快速找出願意消費花錢的客群。**

在這邊也分享兩位上過課的學生案例：

一位從事美髮業的學生，原本粉絲人數不到 1000 人，來找我學廣告投放，之後一個禮拜大概花 3000 元廣告預算，然後拿到了 2.4 萬元的訂單。

還有一位從事紋眉的美容業經營者，她原本的 Instagram 的粉絲人數不到 1000 人，在學會了用「疊加」的方式做活動，一個月花 1 萬元預算，得到了 17 個新客人，一個客人的平均消費金額是 7500 元，扣掉廣告成本，她大概賺了將近 12 萬元。

所以，如果你需要的是**如何快速從社群經營找到客戶**，那麼這本書或許有可以幫助你的地方。

沉澱這些年，我們經歷了新冠肺炎病毒的影響，口罩戴了又脫、脫了又戴，但更重要的是，很多商家需要快速完成數位化轉型，不然就會被時代淘汰。

粉絲是需要培養的，流量是需要累積的，從 2011 年成為冒牌生到現在，我才發現自己寫了超過十年，細數這十年的成績單：

- 寫了 8 本書，累計銷量超過 10 萬本！
- 開了兩堂線上課程，累積銷售金額破百萬元！
- 建立了 7 個粉絲專頁，累積追蹤人數超過 150 萬人！
- FB 個人粉絲專頁追蹤破 74 萬人，Instagram 追蹤人數破 16 萬人！

- Podcast（線上廣播）累積下載量超過 100 萬次！
- 負責經營的 YouTube 頻道，6 個月平均每支影片的點閱率破 5 萬人次！

這一切，都是從我經營個人品牌開始的。你可能會感到好奇，為什麼這些數字看起來很厲害，可是你卻不認識我？

其實，每個社群的意見領袖就像一座燈塔，有一定的照射範圍，會觸及到適合自己的族群，也就是所謂的「**同溫層**」。因此，為了突破自己的同溫層，我也陸續用匿名的方式，經營其他的社群平臺，並且都取得了不錯的成績（例如 YouTube 和 Podcast）。

我們經常會在媒體上，看到中國直播電商的蓬勃發展，隨便就是億來億去的，但是那樣的發展模式，不一定適合臺灣的社群生態。這是因為除了地區差異之外，每個人所經營的社群，會有不同的客戶群體，每種群體產生的生態結構和客層，也是不同的。簡單來說，適合團購媽媽的經營方法，不一定適合內容產出者。

這本書是寫給想自己創業的、想透過經營 Facebook 及 Instagram 替自己賺錢的、想了解如何經營 Podcast 的，以及想學會怎麼規劃 YouTube 頻道的朋友。

那麼到底該怎麼做呢？在這本書裡，我會用自己親身輔導的商家，以及這十年來的經歷，告訴你疫情後的數位化挑戰——我們該怎麼在這個瞬息萬變的數位浪潮中，做出最適合自己的布局。

2018 年，我曾出版一本經營 Instagram 的書《超越地表最強小編：社群創業時代》，受到了很多人的喜愛，也因此受邀到高雄樹德科大演講。老師告訴我，他為了研究 Instagram 的經營，到書店找了很多書，只有那一本他看得下去，因為那本書裡有深入淺出的社群教學，更有一個活生生的人，真誠地記錄著他的成長、他的學習，以及他的經驗累積。

希望這本書也一樣，讓我們在經歷世界的巨變後，繼續為自己的夢想再堅持一次。

如果您需要量身打造的社群諮詢服務
或者讓冒牌生做你的年度社群顧問
歡迎掃描下面的 QR CODE
獲得專屬折扣碼

幫你有效解決經營的盲點
提升帳號品質，替自己加薪！

第二章

如何運用 Facebook、Instagram 快速累積客源

第三章

如何運用 LINE 官方帳號鎖定客戶，降低二次行銷成本

第四章

新平臺和新趨勢

第一章

後疫情時代的社群平臺選擇

FB、IG、LINE 官方帳號、YouTube！社群平臺那麼多，從哪一個開始最好？

Facebook 和 Google 廣告有何不同？預算有限的中小企業怎麼用最有利？

Facebook 越來越難用？開粉專還有意義嗎？

……

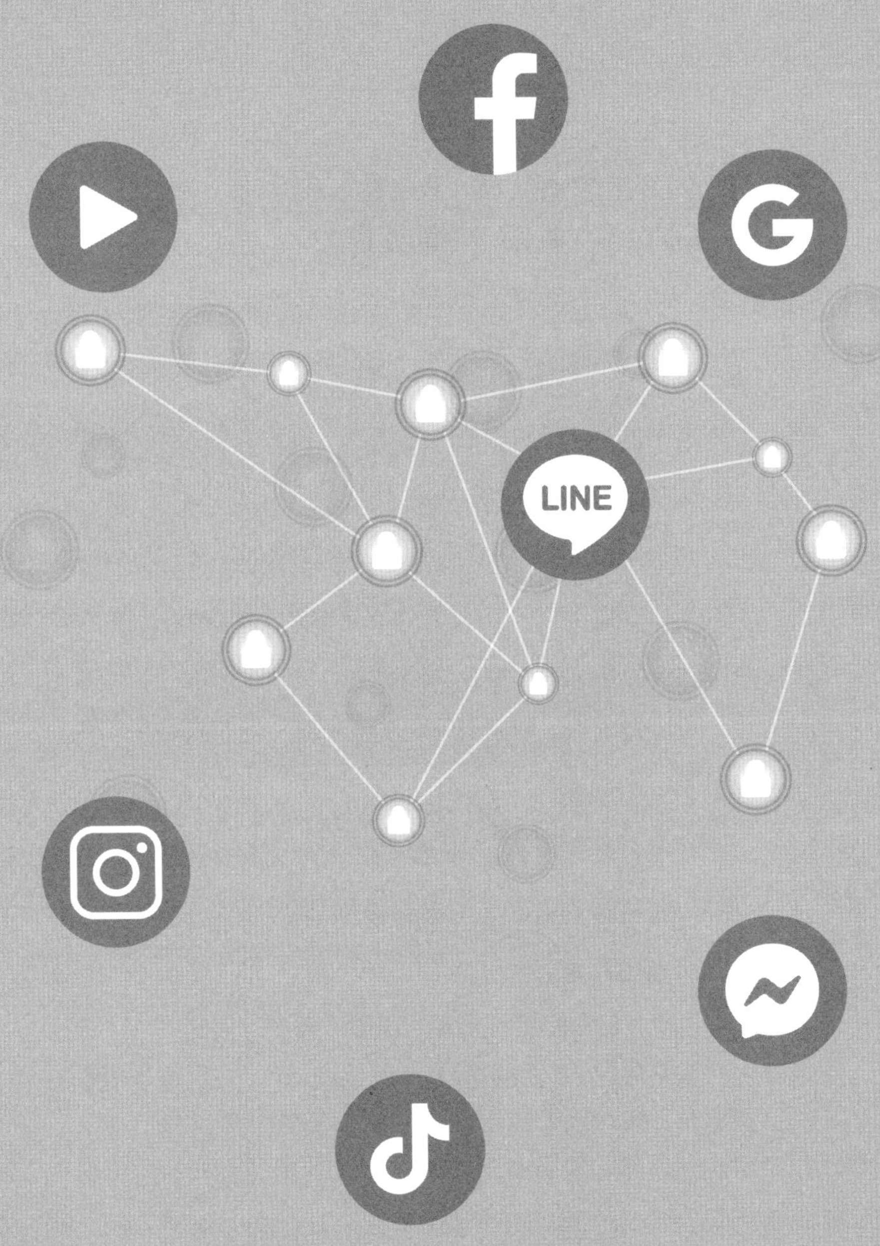
LINE

FB、IG、LINE 官方帳號、YouTube！社群平臺那麼多，從哪一個開始最好？

後疫情時代，很多人想加快布局社群的腳步，但瞬息萬變的市場常常會有新的社群平臺蹦出來，細數幾個大家常常聽到的：YouTube、FB 粉絲專頁、FB 社團、Instagram、LINE 官方帳號、抖音（TikTok）、Podcast，甚至資深一點的還會問是不是也要經營部落格（不要笑，我就是這個年代的）。

這麼多的社群平臺，若全部都要經營會耗費很多的時間成本，所以如果你是小本經營的品牌或者是個人經營者，沒有足夠的預算和人力成本，那麼更需要先了解這些社群經營的目的性還有特性。

我也把幾種常見的搭配，做了分析和介紹如下：

★ 類別：中小企業，如咖啡店、餐飲、美髮、美甲、美睫
★ 目的：推廣服務和累積口碑

中小企業，如咖啡店、餐飲、美髮、美甲、美睫……，最適合的方式是經營 FB 粉絲專頁＋ Instagram，並且每季規劃一筆新臺幣 10000 到 15000 元的廣告預算，尋找在地部落客和在 Instagram 經營有 1 萬至 2 萬人追蹤（當然追蹤人數

社群平台那麼多，到底該從哪個開始？

經營類別	建議平台	搭配辦法	說明
中小企業	FB粉絲團+ Instagram	搭配每月 1萬 - 1.5萬的外部廣告預算	提升曝光度和被搜尋的機會
理念傳遞	臉書社團 + Line@	搭配實體活動	創造私密性和凝聚力
個人品牌	YouTube	搭配標題關鍵字和類似主題	讓影片得以長期被搜尋
個人品牌	部落格 + 粉絲專頁	搭配每月 5千元的臉書廣告預算	快速找到類似興趣的群眾

製表：冒牌生

圖說：社群平臺那麼多，從哪一個開始最好？

越高越好，但相對的預算也會需要做提升），搭配每季的活動來做曝光宣傳，宣傳的效果會比直接在 Facebook 下廣告來得更有效益。

但是這個部分需要時間的累積，時間久了以後，搭配在地部落客的文章，置入適當的關鍵字，這樣可以幫助店家名稱比較容易被 Google 的搜尋引擎找到，再搭配 Instagram 網紅的推波助瀾，能夠幫助你的促銷內容更容易被傳播。

★ 類別：傳遞理念的機構

★ 目的：需要定期舉辦實體活動或課程

如果是經營傳遞理念的機構，如宗教、直銷、基金會、協會、非營利組織……，主要目的是傳遞理念的類別，會定期舉辦實體活動。

那麼與其選擇經營粉絲專頁，不如試著經營讓參與使用者話語權感覺比較高的 FB 社團＋ LINE 官方帳號。

FB 社團的模式會讓參與活動的人比較容易有被重視的感覺，不只是一味的接收單方面的資訊，社團的經營人可以在社團拋出一些話題，用拋磚引玉的方式，鼓勵讀者多多在社團分享參與活動的心得並提出問題，讓社團的成員們得以回答，提升參與感。

LINE 官方帳號的一對一溝通模式和私密性，可以協助經營者在需要曝光活動消息、報名資訊的時候，可以將報名網址直接傳給 LINE 官方帳號的追蹤者，確保讀者不會受到 Facebook 詭譎多變的觸及率影響（簡而言之，用 LINE 官方帳號傳遞報名相關的資訊，追蹤者比較不會漏訊）。

★ 類別：個人品牌（善於面對鏡頭的人）

★ 目的：想被更多人看到自己的理念

如果你善於面對鏡頭，可以對鏡頭侃侃而談，那麼最適合的做法是提供教學類型的影片內容，如美妝、外語、電影介紹、書評、開箱、體驗、健身教學……運用興趣類型的關鍵字，拍攝 6 至 10 分鐘的影片內容，運用 YouTube，讓有需求的觀眾可以從搜尋引擎中，主動找到你所提供的內容。

我個人的經驗是，我在 YouTube 分享宮崎駿《神隱少女》的電影心得，這部影片內容同步發布在 FB 粉絲專頁和 YouTube 上，我的 YouTube 是從零開始經營的，因此當我把影片內容同時發布在 Facebook 和 YouTube 的時候，Facebook 在三天內達到了 3 萬人的瀏覽量，YouTube 則是三天後只有 70 個瀏覽數。

當下的心情當然有點沮喪，但一年後再回來看一次數據，Facebook 依然是 3 萬個人瀏覽，人數沒有再提升了，但 YouTube 的影片觀看次數卻提升到了 11 萬人。

因此，如果你想成為意見領袖，YouTube 的平臺特性不見得能夠讓你的影片流量一飛沖天，但只要下好關鍵字和找到你擅長的主題，你所製作的影片內容會具有長期價值，也會比較容易被不同的人反覆搜尋到。

★ 類別：個人品牌（圖文系列）

★ 目的：想被更多人看到自己的理念

如果你不會拍影片，但也想要經營個人品牌，那麼，我推薦的黃金組合是「部落格＋粉絲專頁」，設定你想發展的內容，定期定額的產出，並準備一個月約新臺幣 5000 元的 Facebook 廣告預算，透過 Facebook 成熟的廣告系統，快速的找到一群有著類似興趣的族群。

若以一個粉絲平均 5 至 10 元來計算，每個月的新增粉絲人數將會達到 500 至 1000 人，而且人數是真實的，同時也是願意留下來看你所提供內容的人，可以大幅縮短在茫茫網海中被「看到」的時間。

社群平臺越來越多，我們可以釐清自己的需求，找到適合的平臺，幫助你找到有著共同興趣的群體，達到事半功倍的效果。

Facebook 和 Google 廣告有何不同？預算有限的中小企業怎麼用最有利？

Google 和 Facebook 一個是全世界最大的入口網站，另一個是全世界最大的社群平臺，這兩間公司也占據了絕大部分的網路廣告市場收益份額，根據市調公司 Statista 所提供的數據，Facebook 和 Google 占據了 61％的全球數位廣告收益，Facebook18％、Google44％。

對行銷預算有限的中小企業來說該怎麼用才最有利呢？

首先，我們要先了解兩者所提供的廣告模式和廣告投放邏輯都不太一樣。

	Facebook	Google
廣告位置	動態時報 / 粉專 / 社團 / Instagram / WhatsApp	關鍵字 / 廣告聯播網(部落格、網頁) / YouTube
使用習慣	主動推播	被動搜尋
消費者需求	潛在興趣	有所需求

圖說：FB 與 Google 差異

Facebook 的強項在哪裡？

Facebook 廣告主要是出現在旗下的各大社群 APP，如 Facebook 自家的動態時報、Instagram、WhatsApp 的頁面中，用戶數量龐大、黏著度高，且不説全球已經超過了 30 億（Facebook 的使用者約 22 億、Instagram 的使用者約 10 億）用戶數量，光是在臺灣，Facebook 就擁有了 1800 萬用戶。

雖然近來常有 Facebook 被唱衰的消息，但實際上還是有許多人每天打開 Facebook 及旗下的 APP（Instagram）滑動態、消磨時間，因此，Facebook 的廣告模式是利用使用者的基本屬性（年齡、性別、平常關注的議題）、追蹤的粉絲專頁、興趣類型來找出潛在的客戶。

廣告主在投放廣告的時候，Facebook 的使用者不一定會對他所看到的商品或服務有即時的需求，但 Facebook 會透過後臺的媒合機制，將有興趣的廣告推薦給他們。

Facebook 的使用者看到廣告時是不經意的，因此比較沒有那麼價格敏感，就像一個平常喜歡買手機殼的人，在滑 Facebook 的時候看到手機殼的相關廣告，價格可以負擔，看起來耐摔、耐用，他可能就直接下單了，他不見得會再有心的去比價，找到最便宜的產品才下手。

Google 的強項在哪裡？

身為全世界最大入口網站的 Google，早在 2000 年就推出了數位廣告服務，隨著多年的演進，廣告資源涵蓋所有 Google 旗下的服務，譬如 Gmail，其中最具代表性的 Google 廣告，是出現在各大網頁、部落格、APP、YouTube 的廣告聯播網服務。

根據 Google 提供的資訊，他們在臺灣已經和 20,000 家網站合作，每天能提供 2 億次以上的曝光（單日最高流量），可以接觸到高達 97%以上的網路使用者。這些曝光數據對於中小企業來說參考就好，**因為重要的不是 Google 可以提供多少的曝光，而是你有多少預算可以買到相對應的曝光數。**

Google 廣告中，有一種是以關鍵字搜尋為主，當用戶在 Google 的搜尋引擎輸入關鍵字查詢資料時，所打的關鍵字若和廣告商所購買的關鍵字符合，廣告就會出現在 Google 的搜尋結果中。

這種廣告的特性在於，**用戶是「有」需求才「主動」輸入關鍵字搜尋資料的**，因此會透過 Google 查詢資料的消費者是「當下」有需求，因此價格也比較敏感，他會透過 Google 搜尋引擎找到最符合自己的需求，可能是評價最高、可能是價格最便宜的產品，才能促使他打開荷包。

再用一個平常喜歡買手機殼的人來舉例，當他使用

Google 查詢手機殼的時候，心中多半已經會有個基準值，他想買一個防摔的 iPhone 手機殼。

當他輸入「防摔、iPhone 手機殼」的關鍵字後，Google 會主動推薦幾款手機殼，此時消費者或許就會開始比價、比品牌、比性價比，花些時間找出適合自己的產品。

曾有一個餐飲業者在我的社群行銷課程中詢問，如果要打廣告介紹自己的餐廳，應該要使用 Facebook 還是 Google ？

我所給的建議是，當你要介紹自家餐廳時，可以請多個部落客在不同的時間段撰寫推薦文，放在部落格，內容比較沒有時效性，並在文章的標題中置入地區、店名，以及特色菜，譬如「新竹 CP 值最高的吃到飽烤肉，居然吃得到天使紅蝦和美國和牛」，當使用者主動搜尋新竹、吃到飽、烤肉的時候，比較容易出現在 Google 的搜尋結果中。

但是當一家餐廳要推廣一檔特惠活動時，那就可以用 Facebook，找在 Instagram 或在地的意見領袖，拋磚引玉的宣傳特惠檔期，由於特惠檔期有時效性，透過 Facebook 的廣告系統，比較可以快速且簡單的將訊息擴散，達到曝光目的。

其實，兩個平臺各有優勢和缺點，效果主要還是看廣告策略的制定。現在的中小企業和創業者越來越有行銷的概念，在為自己的品牌做宣傳的時候，也需要根據其目標把握廣告策略，進而指定最精準和有效果的廣告投放策略。

Facebook 越來越難用？開粉專還有意義嗎？

前陣子 Facebook 的負面新聞頻頻，但總的來說，有兩件大事產生深遠的影響。

其一是從 2016 年美國總統大選結束後，Facebook 被認為有俄國人利用 Facebook 廣告干擾美國總統大選結果，或者製造假新聞和假議題導致川普當選，導致 Facebook 最終出面修改了政治廣告的投放標準。

其二是 Facebook 曾被披露政治顧問公司「劍橋分析」不當取得 8,700 萬筆 Facebook 用戶數據，外界紛紛檢討用戶個資外洩與隱私政策，不只創辦人馬克祖克柏親上火線到美國國會回應質詢，社會也開始蔓延一股刪除 Facebook 的風潮。

科技大老們，如蘋果電腦的負責人 Tim Cook 出面譴責 Facebook 資料蒐集行為，電動車特斯拉（Tesla）的創辦人，號稱真實版鋼鐵人的 Elon Musk 甚至刪除了擁有 260 萬粉絲的特斯拉與 SpaceX FB 粉絲專頁（後來他還直接買下了 Facebook 的競爭對手推特）。

Facebook 高層們為了上述的爭議忙得焦頭爛額，我也在自己的社群課程上，無論是一對一還是團體課程都被詢問到，做粉絲專頁還有意義嗎？

講真的，如果沒有在用 Facebook 做生意，只是純粹把 Facebook 當作一個獲得資訊的來源，那麼當然可以瀟灑的說不用就不用，但若你是部落客、電商相關的產業，或者想要透過網路淘金的讀者，那麼 Facebook 至少還可以再戰個三、五年，但在後疫情的時代，我們也必須調整使用的心態。

以前的 Facebook（大約在 2013 年以前）有所謂的社群紅利，它想讓使用者產生依賴性，因此發文的粉絲專頁透過人際網路以及 Facebook 背後的演算法，可以讓所發布的內容一傳十、十傳百，**但現在的 Facebook 的使用者太多了，也成功養成使用者的依賴性，所以消息傳遞的方式改變了。**

簡單來說，就是 Facebook 依舊維持表面上的免費，但使用者的胃口被養大了，以前一個 10 萬人按讚的粉絲團，一

主流社群平台

	特色	優點	缺點	入門難易度
Instagram	圖文	直覺式操作、使用人數多	社群紅利遞減、新人被看見機率低	★★
LINE 官方帳號	一對一私訊	廣撒訊息、二次行銷成本低	容易被封鎖、發訊息要成本	★★
YouTube	影片	觸及人數多、主題聚合	影片製作有難度、競爭對手多	★★★★
抖音	短影片	社群紅利	用戶年齡層低、用戶忠誠度低	★★★
Podcast	錄音	錄音較簡單、免費資源多	難宣傳、前期設置有門檻	★★★★★

圖說：主流社群平臺

篇貼文可以觸及 4、5 萬人，有數千、破萬的按讚，現在一個100 萬的粉絲團單篇貼文，所觸及的人數也不過是 4、5 萬人，所以大家會認為被看到的次數變少了，心中會產生落差，因此好像發文一定要買廣告，不然根本看不到。

其實 Facebook 在臺灣還是許多人的必備工具，與其説棄用 Facebook，不如説商家、部落客及自媒體需要釐清自身的需求，更多元的去嘗試其他社群平臺。

臺灣市場相對較小，比較主流的平臺大概有三個，他們分別也以不同的機制打出自己的使用者獨特性，例如以一對一私訊為主的 LINE 官方帳號，以圖片為主的 Instagram，以影片為主的 YouTube 都是替代方案，但絕大多數的社群經營者選擇全部都經營，所以耗費的人力和時間成本勢必更高。

但在對岸的中國，社群行銷的人員需要觸及的層面更多更廣，除了大家熟悉的微信公眾號平臺之外，近期由於短影片興起，短影片平臺如「抖音」、「快手」等 APP，已經成為市場行銷人的新流量和曝光來源。

對我自己來説，目前 Facebook 取得會員和曝光的成本還是相對較低，再加上可以取得清楚的族群輪廓，因此還是有經營的必要。而無論你最後選擇是否棄用 Facebook，都應該先思考替代的方案是什麼，還有使用的層面。社群是一種工具，讓它為你所用，而千萬不是被它綁架了。

常見問題：有個人帳號還需要開品牌帳號嗎？

會有這個問題的讀者，多半是已經開設個人帳號並累積到某種程度的追蹤人數了。雖然累積的追蹤人數不見得很多，少的可能 100 到 1000 之間，多一點的可能落在數千到 1 萬左右，但不管追蹤人數的多寡，都對原本帳號發布的內容不滿意，認為做得雜亂、沒有主題，才會想開設一個新帳號重頭來過。

我建議要先考慮兩件事：

新帳號的追蹤人數是從零開始，你會花費多少的時間和金錢去累積同樣人數的粉絲？有沒有足夠的心力去經營一個新帳號？

第二件事是，創立新帳號後你會做什麼事？多半是邀請身邊的親朋好友加入對吧？那麼，這樣你的新帳號最初累積的受眾，和舊帳號又有什麼不同呢？

想一勞永逸的解決這個問題，應該要先思考自己帳號的定位，未來要發布的內容是什麼，並且熟悉社群平臺的介面。

拿 Instagram 來說，它的介面分成三大類，個人照片牆、Reels 及限時動態，個人照片牆應該視作精選和履歷，而不是用來記錄當下的快樂，例如一個總是在討論紋綉眉毛的 Instagram 帳號，卻常常在發布吃喝玩樂的內容，如此就會顯得突兀。

善用限時動態 24 小時後內容就會消失的特性，將那些當下的快樂發在限時動態就好，而不是放在自己的個人照片牆，讓帳號的定位和調性變得亂七八糟。

至於 Reels，可以拿來整合讀者常見問題做影片回覆，讓內容更豐富和全面。

總而言之，把個人帳號和品牌帳號分開經營是可行的，而且很多人聽完這些分析後會覺得很有道理，可是還是會耳根子很硬的開啟新帳號做品牌內容。

所以，如果你還是決定要開設新帳號，那麼與其開設新的品牌帳號，不如把新帳號拿來加自己真正的好友，而原本累積一定人數的個人帳號，則轉型來經營品牌的內容，這樣反而能更實際的幫助你緩解轉型期間累積粉絲人數的麻煩和痛苦。

常見問題：小編是種什麼性質的工作？

社群小編是個新興產業，因應現代人經常使用社群網路所衍生出來的產業。

曾有機構做過調查，發現小編的薪水並不高，絕大多數落在 2、3 萬元上下，但是要做的事情卻很多很雜，很多公司甚至沒有專職的小編，找行銷、業務、企劃、編輯來代勞，「順便」發一下就好，並成為業界的常態。

有一次，我接受世新大學的學生採訪，他們曾問過，臺灣媒體產業的小編好像會帶風向。其實，會帶風向的小編在少數，跟風向的小編才是大多數。

新聞媒體的小編，每天要處理的內容沒有上百則也有數十則，要把新聞融會貫通，沒有這麼容易，因此消化新聞的時間並沒有想像中的多，大概半個小時就必須產出一則 Facebook 貼文，因此**與其說帶風向，不如說是跟風向。**

老闆沒有那麼多時間，每一則新聞都會看小編在 Facebook 寫什麼，只有在發生現象級的新聞事件（或者公司出包的時候）在前面幾則 Facebook 貼文表達一下立場，但絕大多數的引言內容，都是小編自行發揮的。

小編在寫貼文時，難免會放入自己的主觀意識，但基本上還是會注意不要太偏離中立或公司立場，有些不知道如何下筆的貼文小編們也會互相把關，不 OK 會互相討論。

一般社會大眾對小編的概念是取代性高、工作門檻低，但小編們在這個時代很可能也代表著公司門面，他們的工作不只是拍照打卡、發發廢文而已。

然而，一個專業的小編要會資料整合、創意發想，是網友和公司的溝通橋梁。畢竟無論是新聞媒體還是商業型態的粉絲團，很多都是關起門來自嗨，卻沒有考慮到讀者看不看得懂。小編的工作需要將資料深入淺出的引起網友興趣，再做出資料整合分析，讓公司的同仁們理解網友喜好。

所以我認為絕大多數的小編價值被低估了，被視作廉價勞工，薪水不高甚至因為工作性質的關係，需要 24 小時線上待命，尤其是一天要發數十則貼文的新聞媒體小編更為辛苦。再狂一點的小編還需要寫文章、辦活動，實體的、虛擬的，一個人當多人用，甚至負責直播、拍片剪輯，什麼都要會，什麼都要懂。

然而，絕大多數的社群小編都是隱形人，他們的工作成績隱藏在公司的品牌光環裡，就好像星巴克的社群小編做得很好，每一則按讚數都很高，粉絲活躍度也很高，但當小編換了一個工作環境，是否還能再創輝煌、再次打造出一個活躍的社群？這些都是未知數。

因此社群小編的工作流動率高，很多時候是小編們找不到未來的發展性，薪水和職涯發展想要向上提升並不容易。

小編的工作沒有想像中輕鬆，常常需要做好自我的心理建設，還有探索自身的價值觀，因為有時還要面對網友、老闆、同事之間的三重壓力，**偏偏流量和理想通常會是在天秤的兩端，到底是追求流量還是自我本身的道德理想價值觀都是考驗。**

最後還是建議小編們透過社群的工作，累積自己的經驗值，不要只是發表碎片化的文字，試著撰寫長文章，理清自己的思緒和脈絡，做出更有價值、更有意義的文字，那些累積下來的資產才是你的。

LINE 官方帳號和 FB 粉絲專頁的定位有何不同？

我的工作會讓我見到各式各樣的人，我記得在疫情前曾經受邀到臺東替當地的中小企業上課，來上課的學員們多半是當地的民宿業者和在地的餐飲小吃業者，我邊上課邊聽學員們提出各種問題，有個學員提出了這個問題，也讓我後來在每一堂課上都會特別拿出來說明。

如同之前提到的，現在社群平臺太多了，大家都知道最理想的是全部都做，但這個答案一點也不切實際，現實狀況是絕大多數的中小企業人力、財力有限，必須把錢花在刀口上，才

	LINE 官方帳號	Facebook 粉絲專頁
使用方式	私訊、圖文、選單、多為促銷優惠訊息	圖文、連結、影片、直播、動態牆瀏覽、多為整合過資訊
特色功能	抽獎、優惠券、客服系統、多為一對多傳訊	私訊客服系統、評價機制、成熟的廣告系統
族　　群	經營回頭客戶	陌生用戶多
擴散方式	只能發訊息給已追蹤者	演算法、互動越高迴響越大

圖說：LINE 官方帳號與 FB 粉絲專頁的差異

能達到最大的經濟效益，那麼這次讓我用另一種方式切入，來回答 LINE 官方帳號和 FB 粉絲專頁的定位有何不同。

首先，我們要先理解 LINE 官方帳號和 FB 粉絲專頁各有優勢和劣勢，重要的是要看廣告策略的指定，選擇適合自己的平臺。

兩者的溝通模式不一樣，LINE 官方帳號是一對一的溝通模式，可以協助在地店家建立顧客忠誠度，而 Facebook 主打的是發現潛在客戶，可以較大規模的觸及到新客戶群。

提出問題的臺東學生是一位在地的早餐業者，他說，以前都是經營 Facebook，但 Facebook 的自然觸及越來越差，之前聽過一些其他老師的課程，他們建議發一些生活的事情，不要只是談早餐。可是，他發現原本發早餐相關的內容在 Facebook 的按讚數不差，一談到其他的事情，比如說流浪貓、狗、臺東在地的音樂活動，按讚數居然驟跌，讓他不禁猶豫，到底要不要在粉絲專頁繼續發非關本業的事情呢？

其實，我們要釐清粉絲結構後，才可以制定符合自己的行銷策略。這位早餐店業者的 Facebook 粉絲都是周遭的街坊鄰居，或者是住在附近有來過他的早餐店消費的人，有些街坊鄰居是天天來買蘿蔔糕做為早餐，因此他的貼文按讚是來自於品牌和人物之間的關係，所以可以透過閒聊的方式，幫助彼此的關係更緊密。

然而，對著重經營回頭客以及在地客群的早餐店老闆來說，他比較適合的平臺不見得是 Facebook，而是 LINE 官方帳號，因為**透過 LINE 官方帳號推出的群發訊息、集點卡、抽獎等服務，可以提升消費者的忠誠度，深度經營把客戶鎖住，讓他們更願意回來反覆消費。**

後來又有一位在臺東市區經營民宿的職業婦女舉手發問，她說自己很清楚社群的重要性，也知道要常常發文才會有互動和活躍度。

可是上有父母公婆、下有兩個孩子的她，每天行程是早上六點起床做早餐給孩子和房客吃，接下來帶小孩上課，回家打掃民宿、洗衣燒飯、侍奉公婆，傍晚還要接小孩，然後再趕快回家做晚飯。講著講著，她把一切的無奈化作一聲嘆息說道：「老師，我真的真的沒有時間每天發文，也沒有辦法像早餐店老闆那樣，跟客人閒聊太多瑣事怎麼辦……」

正因為她來自靈魂深處的提問，讓我更加堅定自己在做和想做的事情——用自己的經驗和專長，解決困擾她已久的社群問題。

我告訴她，她所經營的不是在地客人，而是來自全臺各地的觀光客，除了鎖定舊有顧客的忠誠度之外，新顧客的陌生開發可能更為重要。

Facebook 主打的正是發現潛在客戶，鎖定特殊族群，針對各地區、各年齡層，不限金額的下廣告，開發潛在的陌生客戶。

因此，她需要的不是常常發文，也不是深度經營 LINE 官方帳號，而是運用 FB 粉絲專頁和 Facebook 的自助廣告系統，用小額的廣告費用宣傳自家民宿，提升曝光效果，節省時間成本，等到累積了足夠的客戶清單，再來運用 LINE 官方帳號做深度的經營也不遲。

兩個平臺各有優勢和缺點，效果主要還是看廣告策略的制定。把握好自己的粉絲結構，找到最符合自己需求的平臺，才能選出最適合的行銷平臺以及廣告投放的策略。

社群的發展重點——聊天機器人

前面談到的 LINE 官方帳號和這裡提到的 Facebook 聊天機器人，他們都是未來社群發展的重點。

即時通訊的服務一直都在，但有一陣子落寞了，例如已經停止服務的 MSN、雅虎即時通都是類似的服務。Facebook 也在 2011 年 8 月首度推出 Messenger 服務，並於 2014 年 4 月將 Messenger 獨立成為一個行動通訊的應用程式。

當時絕大多數的人不會想到這項服務未來帶來的優勢，隨著技術的發展，把時間快轉到 2017 年，Messenger 已經成為 Facebook 不可或缺的一項服務，2017 年 Facebook 宣布 Messenger 的全球月活躍用戶已經超過 13 億，也有超過 6000 萬的企業在使用 Messenger 服務。

超過 13 億的月活躍用戶的 Messenger，足以成為 Facebook 另一個大量廣告曝光的管道。從以前傳統的電視、電臺、戶外、平面廣告，在網路上除了 Google 的網頁廣告以及 Facebook 的個人動態上面出現的商業貼文之外，Messenger 也成為了各大廣告主可以曝光資訊的地方。

傳統的推播式廣告優點是看到的人多，多半是廣撒鋪天蓋地的宣傳，但亂槍打鳥並不精準，被廣告打動的消費者通常比想像中來得少。但由於 Facebook 可以分析使用者的興趣、愛好，因此他們所投放的廣告會兼具廣度和精準度，轉換的效果會比一般的推播式廣告來得更好一些。

客服諮詢服務

Messenger 拿來廣撒廣告只是最基本的曝光，但搭配了 Messenger 本身的通訊功能，可以為商家帶來更深度和即時的使用者回饋。

商家可以採取兩種做法，一種是直接的線上客服，即時與客戶互動。但是這樣的做法比較適合小商家，當訂單量或諮詢人數太多時，就無法有效的處理客戶的需求，因此 Facebook 也考慮到這樣的狀況，進而推出另一種服務——聊天機器人。

前提是商家必須了解客戶需求，並且有模組化的回答，比較常見的做法是，商家可以列出常見的問題和關鍵字，透過聊天機器人的設定後臺回應消費者，解決客戶基的本問題，至於比較特殊的個別問題，也可以引導消費者使用客服專線或 E-mail 來回應。

為什麼透過聊天機器人觸及率會大幅增加？

有些網友發現，透過聊天機器人自動回覆使用者，可以增加貼文的觸及率近 10 倍甚至 100 倍的效果，這是因為

發佈貼文的畫面

機器人留言回覆

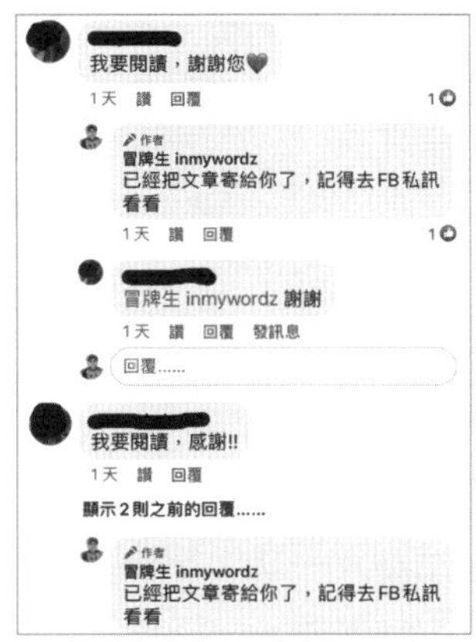

圖說：Facebook 機器人回覆 1

用戶收到機器人私訊回覆

24小時內
機器人發佈的追加訊息

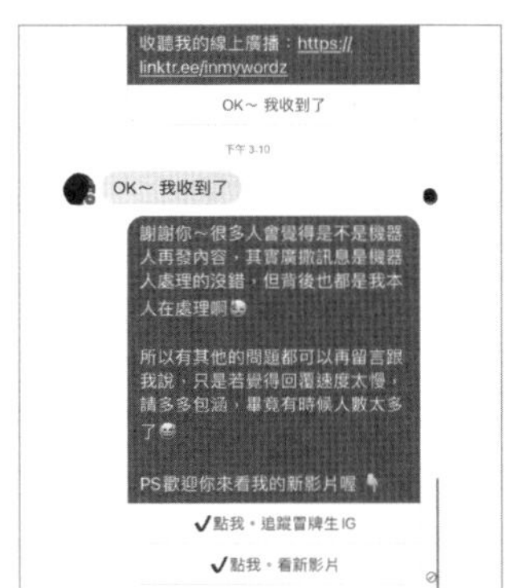

圖說：Facebook 機器人回覆 2

Facebook 的動態時報演算法，會把展開對話（就是有留言）的內容進一步的提升觸及率。

再加上聊天機器人的內文通常賣個關子，讓使用者「留言看更多」，因此展開對話後，貼文的觸及率也會大幅提升。因此，Facebook 的 Messenger 將會是一個兵家必爭之地，尤其這個新平臺不需要複雜的程式語言即可完成設定，初開始之際觀眾也有嚐鮮的心態。

現在國內外也有許多第三方服務，如 chatisfy 這類型的聊天機器人平臺，提供後臺整合、資訊傳遞，以及計算出商品轉換率等服務。

其實 Messenger 在做的事情，就像 LINE 官方帳號和微信公眾號，優點是它可以整合 FB 粉絲專頁的圖文、影片，達到快速的從自己原本粉絲專頁受眾裡，找到更進一步願意付費或購買產品的族群，若你平常就已經有在經營粉絲團，那麼累積聊天名單的速度，會比 LINE 官方帳號和微信公眾號來得再快一些。

然而，目前在臺灣還有一個需要克服的問題，Messenger 還沒有在臺灣提供金流付費整合的服務，需要再導到其他的金流付費整合系統。無論如何，Messenger 和聊天機器人絕對是未來的趨勢，將這項服務整合到自己的商業模式，替品牌開創新的局面，才是未來面對的考驗。

社群主題內容該如何選擇和取捨？

我有個學生是美髮設計師，他長得帥帥的，喜歡在 Instagram 發旅行的照片和自己的髮型作品。他在 Instagram 累積了 1000 名左右的粉絲，有一次他問，為什麼旅行的照片按讚數比作品來得高，以後是不是要多發粉絲喜歡的旅行照，少發一點髮型作品的照片呢？

這個問題如果是針對想把網紅作為未來事業發展的人，我確實會建議多發按讚高的內容。

但這位髮型設計師他經營 Instagram 的目的，除了分享自己的生活外，更想要的是透過這裡找到新的客戶群體，因此在主題內容的取捨上，我反問他兩個問題，而這兩個問題也適合想透過社群帳號獲得客戶的群體來思考經營社群的第一步。

1. 你的粉絲「**追蹤人數**」有多少？我們不求人數多，但求具有轉單效益。因此除了思考目前累積的讀者喜不喜歡，更要思考未來的潛在客戶以及你想發展的方向。
2. 你的粉絲「**構成比例**」是什麼？如果將目前擁有的粉絲分門別類，變成認識的朋友、客戶、陌生人，他們分別的占比是多少？

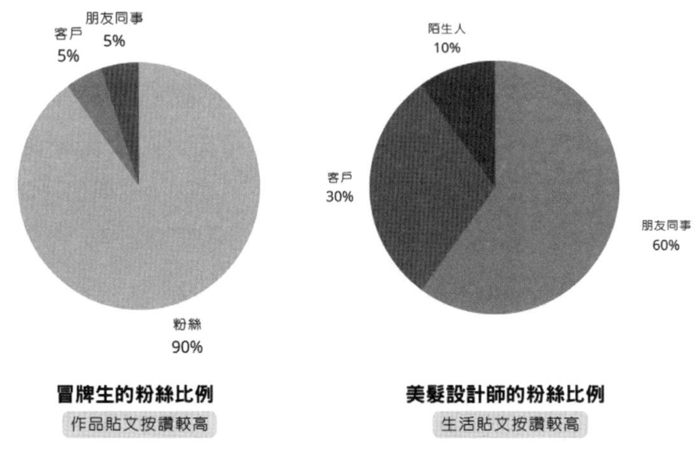

圖說：粉絲結構的差別，會決定貼文按讚數的高低

我們不需要真的詳細計算，可以先抓出一個大致比例就好。這位美髮設計師他思考後告訴我，他的 1000 名粉絲裡，有 60%是朋友和同事，30%是客戶，最後的 10%是陌生人。

依照他提供的比例，應該不難理解為何旅遊照的按讚數在他的 Instagram 裡面總是比較高了吧！

你的朋友會想看到你過得快快樂樂，因此旅遊照的高按讚數代表朋友們的祝福，但這些朋友可能分散四方了，不全然會來找他做頭髮（他在宜蘭），這也導致髮型作品的照片按讚數較低。

然而，若想透過社群帳號獲得客戶的群體來思考經營社群，在思考未來主題內容的方向時，也要問自己未來要累積的粉絲是什麼樣的模樣，接下來的貼文能否滿足和解決潛在客戶的需求，如果只是一味的發布旅遊照、網美照追求高按讚數，那麼這僅僅只是滿足一時的虛榮，對未來社群成長的幫助有限。

常見問題：做內容遇到負面評價怎麼辦？

這個問題我會分兩個方向來回答。第一種狀況是朋友認為你變了，例如以前總是發旅遊照，後來總是發髮型作品，那麼就有可能被老朋友評價：「你變了，你跟以前不一樣了！」很多人會為這種評價感到迷惘和不開心。

我經營社群十年了，常常會遇到類似「你變了」、「我喜歡以前的內容」的留言。其實，我們做的每一件事情不一定會被看到，因為 Facebook 還有 Instagram、YouTube 的興起，很多時候會被演算法帶了風向。

所以當我看到讀者說「我比較喜歡你以前的文」、「我覺得你變了」的時候，我會先感謝我寫過的文章被你看到過讓你有印象，但我也很清楚自己在做的事、在分享的東西，以及這些內容的方向和想呈現的感覺。

我不像有些人會很帥氣的說：「我不在意那些聲音，我要做自己，不喜歡我就算了。」

我也是會在意，會聽讀者和朋友的想法，但都做了十年了，越認識你會越清楚，越清楚也就代表不一定會有百分之百的相同立場。多給彼此一點異中求同的精神吧，這世界就是因為有不同的觀點而精彩。

第二種狀況是，你所提供的商品和服務得到了負面評價，導致多年的努力化為烏有。處於網路時代的我們，到底該如何建立一個正確的心態對待負面的評價，最好還能讓負面評價為我們所用呢？

1. 有些負面評價反而顯得數據的真實

許多網購平臺會提供評價的服務，供消費者在消費後提供商品的評價，所以很多電商業者非常在意評價，尤其是在剛開始時會祭出優惠衝評價，誘使消費者留下大量的好評，縮短未來被其他消費者信賴的時間。

然而，若是有一、兩個負面評價的出現，很多電商業者就會感到緊張異常，深怕影響自己的商譽。但實際上，太過完美的評價反而不可信，評價只需要高於同業的平均水準，就不用太過擔心。

處理負面評價的 3 種途徑：

直接聯繫顧客、跟平台申訴、直接於顧客評論公開回覆

直接聯繫客戶	跟平台申訴	直接於顧客評論公開回覆
處理結果：最佳	處理結果：佳	處理結果：普通
成功可能：中等	成功可能：低	成功可能：高
付出努力：高	付出努力：低	付出努力：中等

圖說：危機就是轉機

畢竟事業是需要永續經營的，一、兩則負面的評價或許會影響一時的生意，但真正的商譽是需要長期的累積，有些負面評價反而可以凸顯數據的真實性。

2. 不要只看到負面評價，正面評價的蒐集也很重要

負面評價分為兩大類：情緒型和建設型。面對建設型的評價，我們可以公開回應，感謝顧客所提出的建議；至於面對情緒型態的內容，不必立刻回應，千萬不要跟在氣頭上的用戶對話，隔兩、三天等顧客平息了情緒後再說。

不過對於被評價的人來說，我們不必太過在意情緒型態的評價，真正重要的是在於蒐集正面的評價。

畢竟一張白紙上面有一個小黑點，多數人只會在意黑點，卻忽略 99%的部分都是白的。蒐集正面評價常常被忽略，因為對於很多的店家來說，似乎是一件理所當然的事，所以不要只看到負面評價，對於正面評價更應該花點時間去回應，適時的詢問是否可以拿來放在 Facebook、Instagram……等其他的社群平臺作為見證。

當你試著要拿出正面評價證明自己時，切記不要使用太多電商平臺所提供的罐頭訊息，那些評價的累積速度雖然快，但可信度並不高。

3. 面對情緒型的負面評價，必須引導顧客留下聯繫方式

情緒型的負面評價是最讓客服人員頭痛的，因為他們必須花費最多的溝通時間，萬一一個肝火怒起來，還有可能變成你來我往的唇槍舌戰，即使本來沒有錯，但觀感還是不好。

因此，面對情緒型態的負面評價，千萬不需要在客戶一留言結束就立刻回應，如果想要即時回應，也不要針對情緒回應，而是留下客服電話或者引導對方留下聯絡方式，再透過電話的方式進行一對一溝通。

評價固然重要，看見負面評價也難免覺得灰心難過，然而危機也是轉機，不要為了衝出好評價而被消費者牽著鼻子走。適當的負面評價可以增加整體品牌的可信度，關心消費者所遇到的難題，展現自己不害怕面對問題、讓他們感受到被尊重和你耐心處理的誠意，反而還有機會讓不滿意的顧客感到釋懷，甚至成為忠實客戶，也讓看到溝通過程的潛在客戶們，更相信你的品牌。

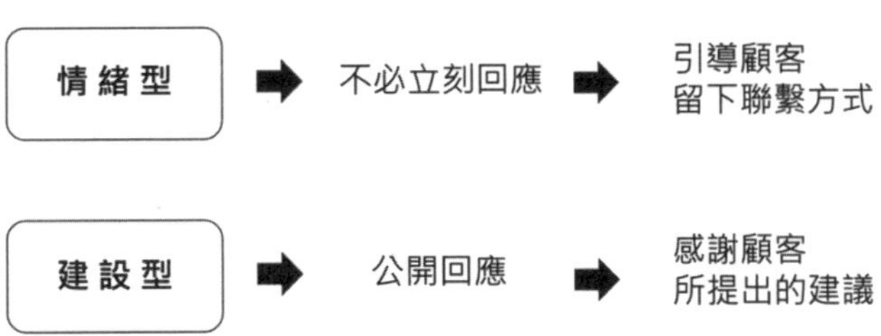

圖說：負面評價的兩種類型

第二章

如何運用 Facebook、Instagram 快速累積客源

Instagram 演算法

Instagram 的出現，改變了青少年的閱讀習慣

媒體到底需不需要經營 Instagram ？

……

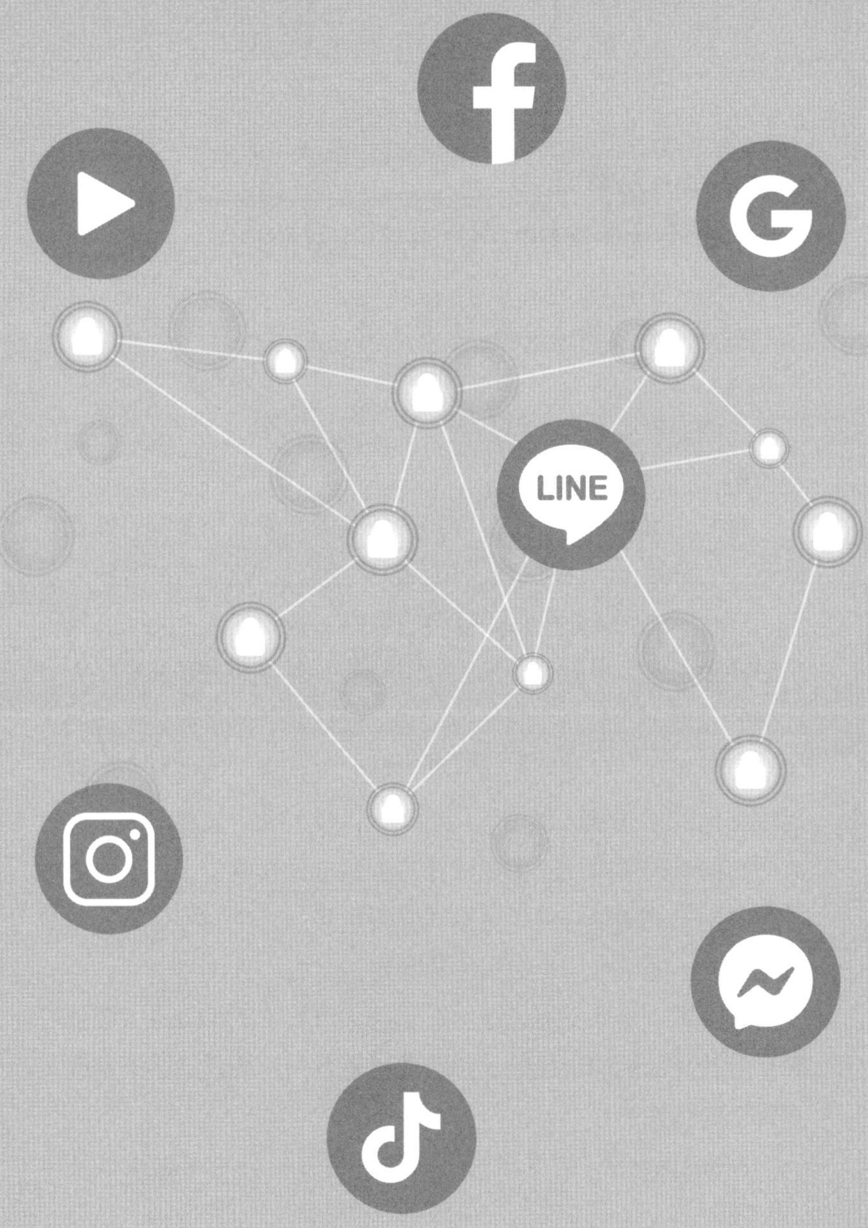
LINE

Instagram 演算法

各大社群平臺都有演算法的祕密，演算法會隨著社群平臺的發展改變，它會決定每個人的貼文會不會被看到，各大社群平臺的演算法萬變不離其宗，會分成兩大階段——**紅利期和調整期**。

紅利期出現在社群平臺剛剛成長或者需要吸引某種特殊產業時，它會給出一些社群紅利，讓貼文可以比較容易被看到。

Facebook 就曾經有個經典的案例，多年前 Facebook 為了想要吸引各大遊戲公司加入社群功能，並在遊戲環節裡加入社群的元素，開放許多曝光的紅利，就像我們都曾經經歷過的「偷菜」年代，只要朋友按某則遊戲貼文的讚，這則貼文就會出現在你的塗鴉牆。然而，Facebook 壯大後政策也改變了，他們把所有的遊戲貼文都隱藏在右上角的通知欄位，大大降低了遊戲貼文的觸擊程度，讓推廣變得困難，也半強迫遊戲公司購買曝光，而不是只是享用免費曝光。

上述案例是希望可以讓大家了解到演算法的重要性，要依靠平臺演算法幫助自己的品牌快速累積客戶，我們就必須掌握演算法的特性。

在 Instagram 的世界裡，按讚、留言、分享、點擊以及

珍藏，就是五大提升擴散度的指標。

Preview APP 曾經分析旗下數百萬的 Instagram 用戶，並得到三種粉絲成長的規則——該怎麼讓陌生的群眾透過 # 和探索頁面找到你的帳號？

★ 規則一

Instagram 會把你的貼文提供給你的部分追蹤者觀看，接下來如果你的貼文得到按讚和回覆，Instagram 就會把貼文擴散給更多的人看，讓更多的人與你的貼文產生互動，進而 Instagram 把你的貼文放在探索和 # 熱門頁面，得到更多同質性的陌生曝光，最終得到粉絲成長。

★ 規則二

你發布貼文後，被追蹤者轉發分享到限時動態，這也會讓他的追蹤者看到你的帳號和內容。當有更多人與你的貼文產生互動，Instagram 就會進而把你的貼文放在探索和 # 熱門頁面，得到更多同質性的陌生曝光，最終得到粉絲成長。

★ 規則三

當你發布的貼文被珍藏後，他會再度到訪你的個人帳號頁面，讓 Instagram 演算法感受到這是一篇有價值的貼文，Instagram 就會把你的貼文放在探索和 # 熱門頁面，得到更多同質性的陌生曝光，最終得到粉絲成長。

舉例來說，你喜歡旅行，平常會用 Instagram 收藏特殊的旅行景點，當你看到你追蹤的人發布了一張你沒去過的旅行照片，而且貼文把行程、價位、交通……等相關資訊，寫得清清楚楚，這就會提升你珍藏他的圖文的可能性，讓你未來有機會照著他的方式前往景點時，就會重新打開這則貼文。當你認為他提供的資訊有價值，那麼你就會願意在他的帳號花費更多停留時間，進而追蹤他的帳號。

反過來說，若你的內容沒有得到太多按讚和回覆，就必須找到修正的方式，持續測試發文方式和照片風格，學習並修正才有機會增加粉絲。至於要怎麼修正，下面我也提供七種互動型態的貼文方式供大家參考。

社群時代，我們要均衡處理的七種貼文創意發想的方式：

視覺、聲音、影像、文字要均衡處理。

1. 談談幕後故事。
2. 介紹新產品。
3. 產品運用教學。
4. 節慶貼文。
5. 分享活動。
6. 詢問消費者喜好。
7. 分享其他行銷創意。

上述七種類型貼文，特別值得一提的是第六種詢問消費者喜好，因為他最符合我們提到的符合 Instagram 演算法機制，尤其會明顯提升留言（互動）的數量，讓貼文可以更有機會被擴散。

如果無法從圖片中呈現，也可以直接在文案中呈現，拋出一個問題，讓讀者來做選擇，我曾在金門旅行的時候用過類似的手法，大家可以參考拋出問題後的留言人數，與沒有拋出問題前的差異。

圖說：拋出問題後的留言數量差異

Instagram 的出現，改變了青少年的閱讀習慣

Instagram 的出現改變了青少年的閱讀習慣，Z 世代（意指 1995–2010 年出生）的青少年不再像前一輩人透過青少年雜誌（如《Teen Vouge》）取得日常生活、人生建議，而是開始透過 Instagram 尋求各式建議。

我對這個消息非常有感，是因為經營了幾年的 Instagram，我也時常在 Instagram、Facebook 收到網友私訊，詢問愛情、友情、人際關係、工作建議等留言內容。

Instagram 取代了青少年雜誌

《大西洋月刊》提到，這些帳號通常取名為「自愛」、「自助」，用簡單的圖文搭配圖片傳授日常經驗，這些帳號覆蓋的層面五花八門，從約會建議到學生如何更受到歡迎、如何跟男友溝通、如何面對離別、如何選工作、第一次找工作的注意事項……等，內容包羅萬象。

其實，自從社群網站興起後，青少年開始習慣透過手機和網站提供的內容尋找人生的解答，內容不一定跟生涯規劃有關，許多人也會在網路上尋找化妝技巧、美容建議、頭髮造型的教學……等。

這樣的方式變成了一種現象，也造就了一批青少年的意見領袖，《大西洋月刊》也提到，這些帳號在 Instagram 上誕生以後短短的 6 個月，就見證了爆炸性的人氣成長，幾乎每一個「自愛」、「自助」、「自信」的帳號都有好幾萬人的關注。

根據《大西洋月刊》的採訪，青少年、青少女們閱讀這些內容，是希望嘗試找到控制權，在成長的過程中，找不到為他們而產生的內容，大多數的成年人認為這些「問題」和「狀況」不重要。

也有人提到，這些帳號可以給青少年一種安心感，而且所有的相關消息，都會被放置放在一個標題下，方便查詢。

這些帳號又是誰在運作的呢？在美國絕大多數都是高年級的學生或者是大學校園的學長姐們，他們從私訊中了解讀者

往左滑動

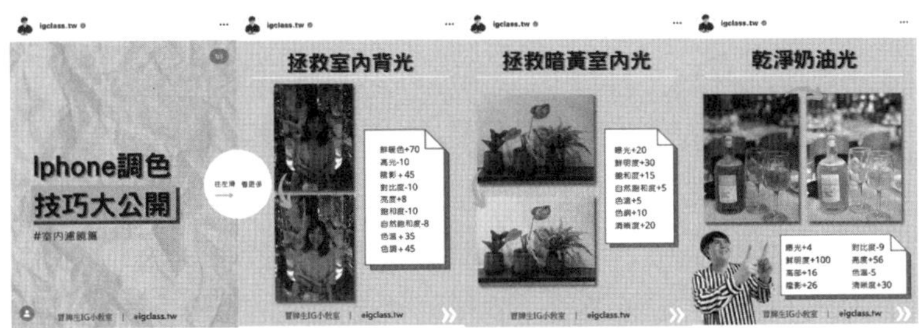

圖說：冒牌生 IG 小教室也使用滑動方式方便讀者閱讀

想看什麼，挑選主題以後到 Google、YouTube 找答案，整合要點，加工成圖文相符的內容，方便讀者用滑動的方式透過 Instagram 閱讀。

Instagram 的建議和 Google 搜尋有何不同？

這些 Instagram 的建議是經過整合的，多半會去蕪存菁，並且以圖文的模式組成，方便閱讀，而且滑動後即可看到更多資訊，青少年不需要動手搜尋，只要關注幾個特定帳號就可以滿足多數需求。

Instagram 手機優先的介面，讓青少年們比較可以感受到私密性，並且可以透過貼文下方的其他網友評論，得知建議的好壞，以及立刻私訊與帳號管理員立刻溝通，相較於 Google 的正式感，Instagram 讓人更放鬆。再加上粉絲能夠提供即時回饋，標記好友讓他們參與話題討論，對青少年、青少女們來説很方便。

臺灣的青少年族群也一樣，許多人會透過這些帳號、討論區、社群網站獲得日常生活資訊，得到青春的慰藉。但無論是在臺灣或歐美都一樣，這類型的網站運營，多數靠興趣愛好支持，很難有盈利。無法盈利就會導致一些譁眾取寵的帳號出現，提供參差不齊的內容，甚至有時候會故意誇大青春期的問題，或者提供錯誤的價值觀。

就我自己的經驗來看，每個年紀都有不同的煩惱，不用刻意去忽略也不必放大來看，很多時候提問的人只需要知道自己並不孤單，他並不是真的想要獲得一個解答。畢竟我們都年輕過，只有走過以後才明白，這些經歷必須面對以後才能回味。

媒體到底需不需要經營 Instagram ?

Instagram 每個月的活躍使用人數突破 10 億大關，已經成為一個兵家必爭之地，但相較於同集團的老大哥 Facebook，Instagram 的經營方式略有不同，尤其對於媒體產業的經營跟 Facebook 更是有所差異。

Facebook 和 Instagram 看似都是以人脈、社群為出發點的平臺，為何經營方式會需要做調整呢？當中最大的差異，就是媒體產業相較於個人經營的目的性不一樣。

絕大多數的個人品牌經營者，他們的經營需求在於發圖片和文字，透過圖文內容感染更多粉絲，得到更多的追蹤者，個人品牌經營對於把粉絲導回網站的需求，沒有媒體產業那麼渴切。

然而對媒體產業來說，絕大多數的媒體已經習慣用 Facebook 把粉絲導回本站去閱讀全文，因此在 Facebook 上只會張貼部分的內容或聳動的標題，將讀者導回自家的網站。舉凡海內外的各大媒體，CNN、BBC，臺灣的壹蘋新聞網、聯合報、東森新聞雲都是這樣的做法。

對媒體產業來說，經營 Facebook 可以替自家的網站產生更多流量，但轉換到 Instagram 會產生「水土不服」的情況，是因為 Instagram 無法把流量導出，人們只能留在 Instagram 平臺裡，因此當媒體在經營 Instagram 的時候，就會產生一種矛盾心態：經營 Instagram 不能提升網站流量，那麼把內容白白給其他平臺有意義嗎？

這個答案必須取決於媒體到底是為何經營社群平臺？他們要的是流量還是品牌的擴散力？

如果只是需要單純導流，那麼 Instagram 並不適合提供資訊的媒體平臺，畢竟每天要發的文太多，除了投放廣告之外，Instagram 無法導流，在經營成本的考量上，也不可能每一則新聞都投放廣告。

但若是以經營品牌的擴散力來說，站在擁有 10 億活躍會員的 Instagram 這個巨人的肩膀上，是事半功倍的，是必須要存在的一環。話雖如此，但許多媒體在經營的方式依然是採用 Facebook 的經營做法，直接擷取雜誌的片段內容，發明星藝人的八卦和街拍圖，卻很少針對 Instagram 的讀者和閱讀習慣去製作符合他們需求的內容，導致許多媒體產業的 Instagram 互動性比意見領袖還要低。

再加上媒體要發送的內容多而雜，除了從傳統媒體累積的品牌知名度，很難讓一群讀者連結在一起，尤其是碎片化閱讀的年代，對熟悉提供完整（內容比較長）的媒體編輯而言，很難轉換成 Instagram 的內容。

因此媒體在經營 Instagram 時，建議分階段進行，首先可以運用其他的社群平臺，累積一批願意看媒體所提供的內容的讀者，接下來針對這群讀者做分析，挖掘他們感興趣的共同話題，累積人數達到一定程度後，再分眾經營。

社群的企劃需要時間累積，很難立竿見影，讀者也是在時間累積的過程養出來的，因此在 Instagram 經營的過程中，老牌子的媒體也可以善用自身累積的影響力，不要只是讓自家小編來經營，可以策劃讀者專屬的欄位，徵集投稿，增加互動和向心力。

其實以現在的 Instagram 觸及率來說，還是非常健康的，Instagram 不像 Facebook 的內容，現在一定要投放廣告才會被看到，再加上深受年輕人喜愛、參與度高，對有心經營的媒體來說，還是一個可以快速擴散自己原本的影響力、引發更多新讀者關注的一個好機會。

成為 Instagram 熱門打卡餐廳需要什麼條件？你要先掌握這 3 件事

最近開了幾堂 Instagram 的課程，參與的學生有許多是餐飲業者。我喜歡在課程開始之前了解學生的背景，這樣可以提供更符合他們需要知道的內容。

絕大多數的學生前來上課，是因為 Instagram 每個月使用人數已經超過 8 億，成了社群行銷的新戰場。

這樣的認知一點也沒有錯，2018 年 5 月，美國廚藝學院（Culinary Institute of America, 簡稱 CIA），就推出食物攝影與造型兩門選修課，教導廚師們不只是單純做菜，也傳授如何操作數位相機、打光、構圖及後製等技巧，做出更上鏡頭的料理。該課程由於目的性不同，為了要達到更好的拍攝效果，雞肉可能會刻意不完全煮熟，鮮魚料理也會為了看起來更新鮮而不去皮，甚至蔬菜也會刻意烤焦，讓紋理看起來更明顯。

除此之外，你還可以做些什麼，讓自己的餐廳成為熱門打卡點？

1. 善用商用帳號和限時動態

Instagram 的商用帳號功能可以提供非常清楚的數據分析，而且完全免費。使用者可以透過你的帳號，得知你的追蹤者的族群輪廓，如年齡、居住地、熱門貼文……等資訊，而對有實體店面的店家來說，商用帳號還可以提供撥號、電子郵件、路線等資訊，方便讓消費者直接聯繫。

- 點擊撥號，可以打電話預約。
- 點擊路線，可以直接打開 Google Map 開始導航。
- 電子郵件，即可寫信聯繫。

圖說：Instagram 商家獨有的私訊、地址、電話設定

此外，限時動態功能也是行銷一大利器，店家可以掌握 24 小時就消失的內容特性，推出限時的促銷活動，錯過就沒有了，促使消費者感受到限時限量的消費衝動。就像星巴克常常會不定時推出買一送一的活動，引發死忠粉絲大排長龍的效應一樣。

現在運用 Instagram 限時動態的功能，店家也可以很輕易的推出猶如星巴克那般的新品「買一送一」折扣訊息，讓粉絲可以憑藉著限時動態畫面前往消費，24 小時後自動失效，方便操作。

2. 深度經營地區性的 Hashtag 和美食相關的 Hashtag

Instagram 每一則貼文可以放置 30 個 Hashtag，許多店家在發布文章的時候，可能會把 Hashtag 當作一種語氣強調的藍字，但實際上，如果想要發揮 Hashtag 的最大效益，應該是深度的經營地區相關的 Hashtag 以及美食相關的 Hashtag，尤其當你是中小型的店家時，粉絲不多、沒有廣大行銷資源的時候，不要去創造新的流行關鍵字，那樣引發的效益太低。

試著經營地區和美食相關的關鍵字，舉例說明，當你在新北樹林開了一家咖啡店時，那麼你所使用的 Hashtag，就應該是圍繞在地區性的美食標記。

例如：「# 新北美食 # 新北樹林美食 # 樹林美食 # 樹林火車站咖啡店 # 新北樹林咖啡」，凝聚新北樹林附近的人群，並且時常與使用此標記的人群互動，深度經營該領域的美食相關、地標相關標記。

3. 不要只是自己拍，要想辦法來讓別人拍

學生們來上我的 Instagram 課程時總會問，一開始要如何讓自己的內容被看到？其實要讓自己的內容被看到，不能只是在自己的帳號一味的發文，而是要去思考如何讓別人來跟你互動。因此，許多店家會在店面設計特殊的打卡點，大家打卡上傳，然後一傳十，十傳百，吸引客人自己上門。

日、韓、泰國有許多咖啡廳會飼養可愛的動物，例如韓國的綿羊咖啡廳、狐獴咖啡廳、泰國的浣熊咖啡廳、日本的兔子咖啡廳、貓頭鷹咖啡廳……等，都吸引了許多觀光客慕名而來拍照打卡、喝咖啡，臺灣也有許多貓咪的咖啡廳，讓貓奴們流連忘返。

如果不走寵物路線，還有一些餐廳會運用特殊的裝潢造景吸引顧客，其中臺中的冰淇淋名店「I'm Talato 我是塔拉朵」就是箇中翹楚。

「I'm Talato 我是塔拉朵」他們在店內做一個冰淇淋泳池和冰淇淋裝置藝術，吸引臺灣各地的遊客前往拍照打卡，甚至

有一次還吸引到了日本模特兒前往拍照打卡。

造景不見得要貴、要浮誇，但一定要有互動性，現在就有許多店家運用乾燥花或花牆來做布置，創造浪漫氛圍，吸引許多女性消費者前往拍照。但個人認為這一招已經有點被用到爛了，因此若想突出重圍，可以著重在布景的互動性。

至於在食物上也需要下功夫，什麼樣的食物容易在 Instagram 引發關注？

曾有數據分析，在 Instagram 最容易引發關注的，是黃色的起司或者早午餐的蛋黃流出來的畫面。

圖說：臺中冰淇淋名店「I'm Talato 我是塔拉朵」的早期網紅造景

而許多店家喜歡為自己的食物拍攝特寫，但與其是單一食物的特寫，在 Instagram 上面更需要的是豐盛的視覺效果，也就是說不要只拍單一食物特寫，而是要拍出食物的色彩繽紛、擺盤漂亮、看起來份量十足，這些都會引發人們前往消費拍照。

臺灣就曾流行過「花田果室」的漸層飲料，以及黑糖珍珠鮮奶，許多人都喜歡拍攝自己的珍奶從白色逐漸被黑糖染成咖啡色的模樣，看了都會讓人忍不住食指大動。

東京也有咖啡店直接把灑滿巧克力醬、草莓果醬的甜甜圈插在粉紅色的咖啡杯上，創造視覺衝擊感，引發網友拍照打卡人潮，創造排隊的效應。

現代人有一種心態是「Fearing of Missing Out」（簡稱 FOMO），即「**害怕錯過症候群**」，他們看到朋友或家人貼出引人注目的照片時，也會希望自己能夠貼出類似甚至更好看的照片，證明自己沒有落伍。

在 Instagram 的人氣咖啡店，都有掌握上述的 FOMO 行銷術，創造讓人憧憬的感覺，吸引他人的拍照打卡，而不是只有自己在自家的 Instagram 上面拚命的拍照而已。

最後，除了在菜單上面下功夫外，店家也可以定期尋找在 Instagram 上面的熱門美食達人前來進行宣傳合作。缺乏行銷預算的店家，也不用把請美食達人發文想得太過複雜，

Instagram 有所謂的私訊聯繫功能，遇到你覺得適合的美食達人時，只要私訊詢問報價，每季尋找 5 個達人，搭配店家推出的促銷方案，相信會比在 Instagram 上面單打獨鬥來得更有效益。

後疫情時代，實體產業 / 店家該如何切入與布局 FB/IG

2020 年後，世界變得不一樣了，有許多在地店家表示，受到新冠肺炎的衝擊，民眾不願出門消費，導致實體銷售下滑，他們可以在社群上做些什麼？

我想，大家都已經知道需要重新分配資源，加速數位整合布局，但更重要的是，有哪些可以直接和實際執行的事情，我列了五個重點供各位檢查參考。

1. 確保自身健康安全

在臺灣已經有許多的店家這麼做了，他們會拍攝防疫相關影片，並提供店員體溫和健康聲明，並配戴口罩，提供消毒酒精和定期消毒的證明資訊。然而這些訊息不要只放在店面，更應該定期上傳 Facebook、Instagram 等各大平臺，用影片、圖文、直播等方式呈現，加強擴散力度，加強消費者信心。

2. 與顧客保持聯繫

這是很多人會忽略的步驟，即便顧客無法親臨現場，還是可以在社群貼文提供聯絡資訊、庫存、營業時間、接單時間……等相關資訊，並將有興趣的用戶導向網站或商品銷售頁面。

上述資訊不要只放在「關於」或「自我介紹」中，因為對 Facebook 和 Instagram 的曝光來說，貼文才是觸及最多、最廣、最全面的位置。

建議將上述的內容製作成貼文，置頂說明，反覆的、持續的提醒消費者，與顧客保持最直接的聯繫。

3. 即時訊息回覆

店家可以善用 Facebook 的私訊回覆功能，即便消費者無法親臨現場，但也可以直接與他們溝通交流。

Facebook 和 Instgram 提供了三種不同的私訊功能，幫助消費者和商家減少溝通的時間成本，分別是 Facebook 即時回覆、Facebook 預存回覆及 Instagram 快速回覆。

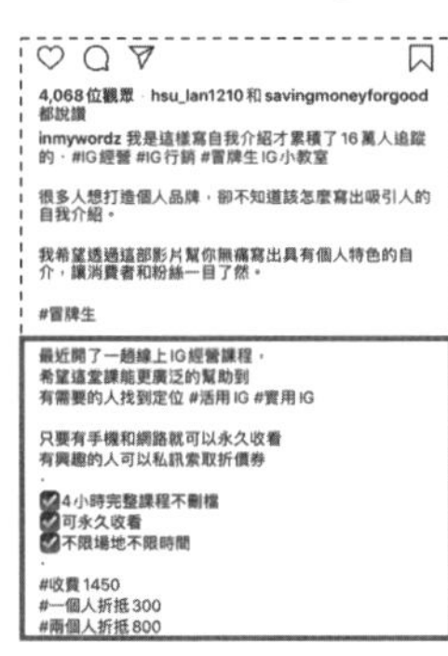

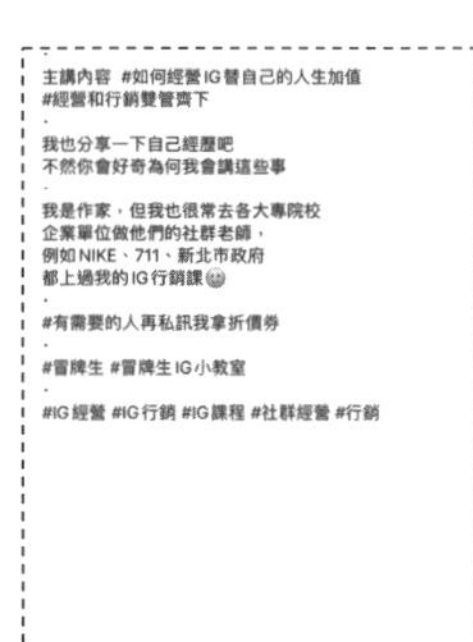

圖說：來自冒牌生 Instagram

Facebook 即時回覆是自動回覆的聊天機器人。鑑於許多人不是 24 小時全天候守在手機或電腦前面，而這個功能可以幫助商家即時自動回覆消費者的私訊，商家可以直接回覆營業時間、下單方式等常見問題。

此外，Facebook 預存回覆和 Instagram 快速回覆，兩者是相同的功能，也就是預先儲存私訊，讓店家在回覆時可以直接載入之前儲存好的內容，節省彼此的溝通時間。

4. 常見問題圖文整合

新冠肺炎改變了消費者的生活型態，讓人與人之間的相處有了很大的改變，這也是一個很好的整合時期。

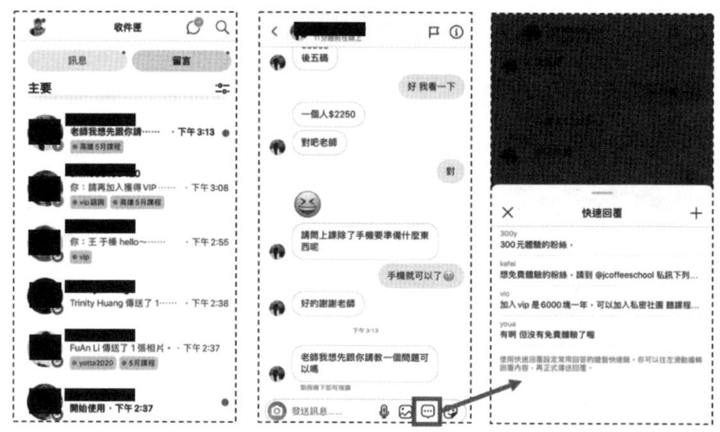

圖說：來自冒牌生 Instagram

我們可以藉機整理顧客的常見問題，例如營業時間、庫存量、服務收費表，以及所採取的防疫措施，製作成圖文相簿，向顧客說明短期的服務異動。

危機帶來了挑戰，也帶來的新的機遇，透過多重社群平臺的靈活運用，可以讓消費者對商家有更全面和多元的認識，在滿足消費者需求的同時，更佳實現商家的數位整合。

5. 鼓勵預購和提供購物金

疫情延燒了近三年，我們都希望它能過去，但目前看起來，疫情不會不見，而是變成一個常態。

為了減少衝擊，我們在和顧客溝通時，可以預先為客戶創造需求，告知商品重新到貨的時間、建議類似品項、鼓勵預購，讓銷售得以延續，作為特殊時期的過渡作法。

服務型態的商家，如果必須暫時歇業，可以考慮提供購物金或預繳享有折扣的方式，吸引顧客日後上門消費。

在全球攜手抗疫的期間，全球化的浪潮勢必會有一番減緩。在地商家、特色店家在本次疫情中將擁有更多的機遇，發展更多元的銷售模式和拓展新客源。

當消費者對自身需求和生活模式有了全然不同的認知和改變時，商家也必須重整目前的網路和社群布局，整合線上線下的服務，達到營運最佳化，將疫情所帶來的衝擊降至最低。

推出 Reels、IG Shopping Instagram 到底想要做什麼？

近來 Instagram 動作頻頻，開設了許多新的產品服務，其中有三大產品線，顯示出 Instagram 開拓新市場的野心。

1. 限時動態

這是 Instagram 最成功的新產品，全螢幕、垂直格式，適合手機閱讀，讓使用者連結的更親密，大幅度提升用戶的停留時間，同時打擊了對手 Snapchat 的氣勢，緩解用戶發文的壓力。小工具推陳出新，標記好友、GIF 圖檔、投票、提問……等，吸引了不常使用的用戶深入 Instagram 的世界，提升社交功能，也讓許多網紅在原先追蹤者的基礎，用另一種方式和觀眾溝通。

2.Reels

Stories 成功以後，Instagram 推出直立式的影片平臺 Reels，打算延續 stories 的氣勢，在影音平臺中打下一片天。不過 Instagram 官方曾推出 IGTV 的 APP 卻似乎沒有延續 stories 的熱潮。在美國的 iPhone 每週下載排名跌到 1497，只剩下 7 萬次的下載。

以一個有 10 億月活躍使用等級的 APP 來說，這個數字不算合格，對原本不是 Instagram 的使用者來說，IGTV 的吸引力並不大，除了不像 YouTube 那樣提供分潤機制之外，IGTV 的設計不太能幫助網紅拓展新粉絲，僅僅只是在延續現有粉絲。

這是因為相較於 Instagram 可以用 Hashtag 去尋找類似議題的內容，IGTV 僅提供搜尋創作者的功能，導致議題無法有效擴散出同溫層，僅能協助網紅、企業將特定內容推播給粉絲。

後來他們針對之前 IGTV 曾遇過的問題推出了 Reels，直接鎖定 TikTok、短影音的用戶，不再針對短影音服務獨立推出 APP，而是把 Reels 當作另一種活化會員，以及讓使用者直接觸及到陌生用戶的服務。雖然也被許多 Instagram 死忠用戶認為 TikTok 化，但用戶嫌棄歸嫌棄，使用人數和停留時間還是大幅度的增加。

3.IG Shopping

Instagram 的賣點在於用戶黏著度高，使用者喜歡用照片說話，追尋質感的生活，精品、時尚、百貨、各大業者都對這一塊市場躍躍欲試，但 Instagram 始終沒有正式推出購物功能。

即便前陣子有針對幾家較大的精品、網購業者提供購物標籤的服務，點擊照片上的購物標籤，可以外連到購物頁面增加品牌的業績銷售，但那也僅僅限於幾家比較大的品牌，並沒有開放給一般消費大眾（臺灣目前尚未開放）。

根據「The Verge」的報導，Instagram 近期試圖開發 IG Shopping 這款獨立的 APP，讓使用者可以直接購買帳戶所提供的商品。

導入電商機制之前，它必須降低用戶對 Instagram 安全性的疑慮。因此，首先它們開放個人帳號申請認證，只要用戶提供全名以及身分證或護照的影本，遞交資料後，Instagram 會透過官方回覆通過認證與否。

接下來，為了確保帳號的真實性，提升用戶的信賴感，個人帳號將提供更多的説明資訊，例如加入 Instagram 的日期、帳號更改名稱的歷史、帳號曾經合作過的用戶等，以增加安全性。

最後，它們也像 Google 那樣提供多重驗證機制，當有陌生裝置或網域登入的時候，Instagram 會傳送簡訊或透過其他第三方 APP 驗證用戶的身分，預防帳號被盜用。

那麼為何 Instagram 開設那麼多新功能，又全都要分開呢？

他們比 Facebook 謹慎，Facebook 走的是滿滿的大平臺，一榮皆榮，一損皆損，全部功能都綁在母家，但 Instagram 發展的方式是開發多個 APP。

以前我在遊戲相關的產業工作，有些博弈類型的遊戲，會獨立開發單個遊戲 APP，例如麻將、吃角子老虎、21 點，但也會統一整合開發一個綜合形態的賭場功能 APP，主要的目的就是為了分散風險。

由於 Instagram 是以人脈圈、社群經營為本的，若真的開放電商相關服務，將會帶來鉅額的營收，Instagram 早就有進入電商領域的能力，未來若真的能成功推出購物服務，這將大幅度改變現有的數位領域廣告市場，為母公司 Meta 賺到更大把的鈔票，但這項功能牽一髮動全身，不太可能輕舉妄動。對行銷人來說，未來如何透過圖片行銷、用照片賣產品，也會是一大考驗。

IGTV/Reels 能跟 YouTube 抗衡嗎？

美國皮尤研究中心（Pew Research Center）日前推出一項研究顯示，美國的青少年變心了，原本的社群龍頭開始失去了青少年族群，反而是 Google 旗下的 YouTube 使用率超前奪冠，在美國 13 歲到 17 歲的青少年族群中，85%使用 YouTube，72%使用 Instagram，69%使用 Snapchat，僅僅有 51%的青少年使用 Facebook。相較於 2014 到 2015 年的同類型調查，Facebook 的使用率下滑了 20%（2014 至 2015 年的使用率為 71%）。

眼見影音平臺越來越夯，擁有 20 億使用者的 Facebook，也頻頻在影音相關內容下功夫，最近 Facebook 旗下的 Instagram 大幅改版，推出 Reels 服務，讓用戶可以更快速的運用音樂、模組化的影音轉場效果，大量的產出吸睛的 90 秒影片。

Instagram 為何要推出 IGTV/Reels ？

Instagram 現在的用戶已經突破 10 億人，並且以每個月 5%的速度成長著，它也勢必承擔更多的廣告業務，讓母公司 Meta 可以賺更多的錢。根據市場調查公司 eMarket 的預估，Instagram 在美國能夠驅動 54.8 億的廣告營收，占了 Facebook 行動廣告營收的 28.2%。

根據 Instagram 執行長 Kevin Systrom 的說法，目前 IGTV 沒有廣告，獲利模式有待觀察。但這個過渡性的服務將會逐步淡出，改以 Reels 接棒。

Facebook 家族都是初期沒有廣告，等到使用者多了再置入廣告，這次相信也不例外，因此可以猜想得到，IGTV 未來站穩以後，會有其他後續延伸的廣告商置入及創作者廣告分潤等相關模式。

IGTV 剛開始怎麼進行宣傳？

相對於 Reels 的完全銜接，IGTV 更偏向 Instagram 運用自身內部的資源，在原本 InstagramAPP 的介面中規劃入口，讓原有每月 10 億的活躍用戶可以直接接觸到 IGTV 這些新功能，同時也推出單獨的 IGTV APP，雙管齊下，讓使用者可以兩邊一起使用。

另外，為了快速提高 IGTV 的話題性，Instagram 直接找了一批 IG 內部網紅合作，例如他們簽下了 Instagram 追蹤數超過 2500 萬的 Lele Pons，透過這些指標網紅還有內部資源的整合，得以確保 IGTV 初期曝光和下載量。

那麼 IGTV 能跟 YouTube 抗衡嗎？

表面上看來，IGTV 和 YouTube 兩者之間最大的差別是呈現模式。IGTV 是專門為手機設計的，因此影片畫面的呈現模式是直立式的；而老字號 YouTube 則是以橫式呈現。絕大多數人的閱讀習慣是從左到右，視野橫著，直立式的影片會改變視野比例，尤其是長時間的直立式畫面，由於視野較窄的原因，也會讓人帶來一種壓迫感。

然而，智慧型手機的普及，讓讀者停留在直立式螢幕的時間越來越長，廣告商和創作者勢必得透過直立式的畫面，爭取觀眾的眼球。

仔細思考，Instagram 和 YouTube 兩者之間最大的差異在於經營模式，雙方的使用者行為模式不同，YouTube 的使用者首先是以「搜尋」的方式去查詢自己想要的內容，再透過 YouTube 的「推薦」和首頁頻道推薦進而訂閱，產生觀眾和內容提供者之間的關係。因此，在 YouTube 內容擴散最初的方式是使用者主動搜尋，內容也會符合使用者想要的東西。

Instagram 則是跟 Facebook 比較相似的透過人脈圈和 hashtag 話題進行擴散，內容擴散的初期，使用者不見得有需求，透過人脈圈的擴散方式讓內容最初開始都是源自於生活。

生活引發的共鳴度有限，比較直接的來說，如果你今天不是林志玲，不是周杰倫，那麼你所拍攝的影片內容若是以生活為主題，那麼大概僅能在自家朋友圈中發酵，很難再擴散出去了。

作為內容提供者，若想在 IGTV 初期推廣觸及率大放送的階段脫穎而出，應該傾向先提供共同興趣的影片內容類型，以有教學意義、有被他人保存的意義，以提供某種單一類型的資訊為主。

以擁有超過 2000 萬名粉絲的 Cameron Dallas 為例，當其他人還在 Vine 拍攝自家小貓、小狗的影片時，Cameron Dallas 就已經在研究如何用短短的六秒鐘吸引網友注意。他的主題是「# 瘋狂的事」，因此拍攝了一系列惡搞的主題，比如一群人該怎麼樣才能在小汽車上面開派對，要怎麼躺在地上完成吃、喝、洗、漱等影片。

後來，Cameron 憑藉自己的網路自媒體口碑發酵，成為了第一位網紅崛起代言 CK 的案例。

作為內容提供者，不管你是使用哪一個平臺，最重要的是要了解自己的目標族群想要的東西，滿足他們的需求，堅定自己的選擇，不要看到新的平臺就盲目的去嘗試，還是要先了解自己的優勢是什麼，切入以後才能達到事半功倍的效果。

社群的 KPI 又多了一個！限時動態的閱讀率

如果你有在玩社群，那麼你應該知道這兩年有個熱門議題——限時動態。

限時動態，來自於英文的 Instant story，中文翻譯簡單明瞭，只有在有限的時間才能看到的動態消息。

現在整個網路都是限時動態，打從 Facebook 從後起之秀 Snapchat 那邊「學到」限時動態的創意，並成功植入到 Instagram 獲得明顯成功後，他們就食髓知味的把 Story 功能套用到旗下的所有服務，Facebook、Instagram、WhatsApp 統統都有 Story 功能。

除此之外，QQ、YouTube 甚至是 Skype 也統統都加入了 Story 功能，就連 Google 也在 2018 年 2 月宣布在手機專屬的 AMP 網頁內容格式加入了 Story 功能。

為何全世界的科技大廠龍頭都瘋限時動態？限時動態到底有什麼魅力？

其實，限時動態的魅力在 Snapchat 這個 APP 剛推出的時候，馬克祖克柏和馬化騰這兩大東西方巨頭都不懂，但青少年都在用，Snapchat 也成為全美國青少年最愛用的 APP 之一。

Snapchat 的使用者年齡落在 18 至 34 歲間，在全美國的社群 APP 約占 20%的市場比例。

為了搶奪這塊市場，Facebook 的創辦人馬克祖克柏直接喊價 30 億美金要收購 Snapchat，但人家不賣。而騰訊的創辦人馬化騰則是在 2017 年底再度投資它，購買 12%左右的股票，若以 Snapchat 的市值計算，大約落在 18 億美元左右。

限時動態洞察報告

2021 September 7 3:31 AM

總覽

觸及的帳號數量	48,355
內容互動	14
個人／商業檔案動態	983

曝光次數 48,867

圖說：冒牌生限時動態數據分享

試圖收購 Snapchat 但失敗的 Facebook，則在 2016 年中旬於旗下的 Instagram 推出 Story 功能，Instagram story 現在每日活躍用戶超過 3 億，比 Snapchat 的總用戶還要多 1 億！

這些數字告訴我們 Snapchat 和旗下率先推出的 Story 服務的熱門程度，但或許你還是無法理解限時動態的魅力，那麼就試想一個有很多有趣圖片的簡報檔吧！傳統的社群習慣用文字表達，但圖片總是比文字更吸睛，因此限時動態推出後，就受到了大量的追捧。

對品牌商來說，限時動態的優點在於讀者的接受度比較高，照片不用特別美，由於 24 小時以後就消失的即時性，可以導入很多有趣的玩法，譬如限時折價券，類似像星巴克的買一送一，就可以透過限時動態的方式，在 24 小時內自動消失。

歐美等腦筋動得比較快的精品業者如 Burberry，就曾經用限時動態發過時裝秀的幕後故事，「訓練」到用戶習慣了看限時動態，不看的話便感到有損失，吸引更多願意追蹤品牌的時尚迷。

此外，在 Instagram 的商業帳號可以加入連結，將閱讀群眾引導到銷售網頁，在加入 GIF 圖檔和投票等互動機制後，限時動態也搖身一變成為各大品牌的銷售利器。

然而，限時動態也有缺點，由於即時的特性，也導致內容偏向於隨手記錄，缺乏保存價值，讀者容易即看即忘，所以如何留住讀者，讓他們願意看完限時動態，也成為評估限時動態績效的一個標準。

社群媒體分析公司 Delmondo 曾在 2017 年底發布一份 Instagram Story 的相關研究，他們試圖在報告中定義 Instagram Story 何謂「好表現」，所使用的指標就是完整閱讀率（Completion Rate），只要使用者願意從頭到尾收看你一系列限時動態的內容，就算獲得成功。

現在相機就像是新一代的鍵盤，在一張圖勝過千言萬語的現代社會，文字的內容逐漸減少，原本以文字為主的動態時報，也逐漸會被限時動態取代。

內容經營者若要達到較高的完整閱讀率，就要思考每則圖文直接的關聯性，如何避免流水帳的內容，就好像做簡報的起承轉合，如何吸引人把故事看完。

製作限時動態必須要擁有的四個 APP

日前接受 TVBS 新聞採訪，談到如何因應 Instagram 的限時動態及直立式影片的規格來進行製作內容？限時動態和直立式影片將是未來的主流，近期也越來越頻繁走入人們視線。

那麼，有哪些 APP 可以幫助我們優化限時動態，乃至於編輯直立式影片，讓內容更容易被使用者觀看呢？以下我將推薦四款專門用來製作限時動態的 APP。

Unfold

- **優點**：根據官方的資料，Unfold 的下載量已達到 900 萬次，每月平均有 300 萬活躍用戶。
  Unfold 曾多次被評選為 App Store 中排名第一的照片和影片 APP，讓使用者可以採用不同的模板來說故事，讓限時動態看起來就像雜誌的排版一樣。
  版型簡潔，介面簡單好用，有許多免費的模組可以用，並同時支援將照片和影片都製作成直立式的模板。
- **缺點**：中文字型單調，只有英文的字型可以選擇，無法進行影片編輯，必須先剪接好再製作。

Adobe Spark Post

- **優點**：大廠 Adobe 推出的編輯工具，支援直立式的編輯，有許多幾何圖形可以使用，讓使用者可以創造更多的創意。結合 adobe creative cloud，方便與其他 adobe 旗下製圖 APP 共同製作有創意的限時動態。支援手機和電腦，切換操作方便，可以用手機做好大致內容後，再轉到電腦細修圖片內容。
- **缺點**：中文字體單調，只能編輯照片，無法編輯影片，需要下載另一個 APP 才能修改影片內容。

黃油相機

- **優點**：支援照片和影片的模板，也支援多種中文字體，娃娃體、標楷體……，超過 8 種中文字體可以使用，並且也支援絕大部分的繁體中文。照片濾鏡多，若只是單純製作限時動態圖文，可以在 APP 裡面直接完成。限時動態的版面非常多，並可以直接套入網友提供的照片模板，讓限時動態變得更豐富。
- **缺點**：無法編輯影片，沒有付費前會有浮水印，並且只能選擇三種背景色塊，分別為黑色、白色、紅色。

小影

- **優點**：影片編輯 APP，支援直立式的影片製作，可以直接在 APP 中添加字幕、影片裁切、分割、配樂……等功能。可以添加特殊貼圖，免費資源豐富，也支援中文字體，創作者的自由度高，但相對的也比較考驗創作者自己的美感。
- **缺點**：相較於黃油相機，小影官方提供的模板比較沒那麼好看。付費後才能輸出高畫質的影片，以及解除輸出影片的秒數限制。

其實，有在經營社群的朋友應該都明白，這世上不可能會有一個百分之百合你心意的 APP，想要做出好的限時動態和直立式影片，必須要懂得交替使用上述的 APP。

我的製作流程通常是先使用小影剪接影片，再使用黃油相機加入標題的字，接著運用 Unfold 把限時動態的版型排出來。最後發布到 Instagram 前，可以再添加 Instagram 內建的 GIF 素材，讓整體直立式影片變得更豐富精彩。

由於智慧型手機的普及，各大社群平臺從 Snapchat 開始，到 Instagram、Facebook、YouTube 紛紛推出限時動態的服務，占據網友的停留時間。Facebook 產品長克里斯．考克斯（Chris Cox）曾表示，未來限時動態的發展，將超越動態時報。

根據 Instagram 的統計，限時動態推出僅僅五個月，就創造了 1.5 億的日活躍用戶，未來也是各大社群平臺發展的一大重點。透過上述的四款 APP，用手機就可以做出屬於自己獨一無二的限時動態，祝各位成功！

如何第一次經營 Instagram 就上手？最完整的圖文教學範例，五大重點一次搞懂！

自從開設了 Instagram 經營的課程後，我總會收到提問，學生們會說想開始經營 Instagram，但是不曉得自己做得好不好，明明知道有很多可以改進的地方，卻不知道問題出在哪裡。例如曾有一位做保養品的學生，她很苦惱，「明明照著其他老師提到的做主題、排版，但怎麼做好像就是不對的，到底問題出在哪裡？」

圖說：網友詢問參考示意圖

1. 要有美感和排版的概念

美感是需要訓練的，要從無到有的設計是最難的，所以當你不擅長設計自己的版型時，可以先找個範本給自己做參考。

排版的方式可以著重在 9 張素材的整體規劃，照片的來源不一定要同一個人，可以是你尋找到相關主題，再運用排版的工具，例如 PowerPoint 或手機 APP Preview 先把版型排列出來，再一張張的照片去模仿和學習。

2. 模仿和改進

在模仿的過程中，你就會發現可以改進的地方，避免雜亂，也避免即便已經有明確主題，卻不知道該怎麼搭配的狀況。

我有另一位減重教練的學生，他也是遇到類似的問題，於是我們在一對一課程輔導的時候，針對他的 Instagram 抓出了 9 張照片的調性。然後，當他在製作內容的時候，也逐漸發現文案、圖片，需要改進的地方。當他開始製作內容時，問題就發生了，右下角的第一張照片，看似簡單，但要如何歸納重點，執行起來並沒有想像中順利。

圖文鋪排，需要留白感和對比感，因此可以試著添加符號，讀者才會懂得彼此之間的區隔。

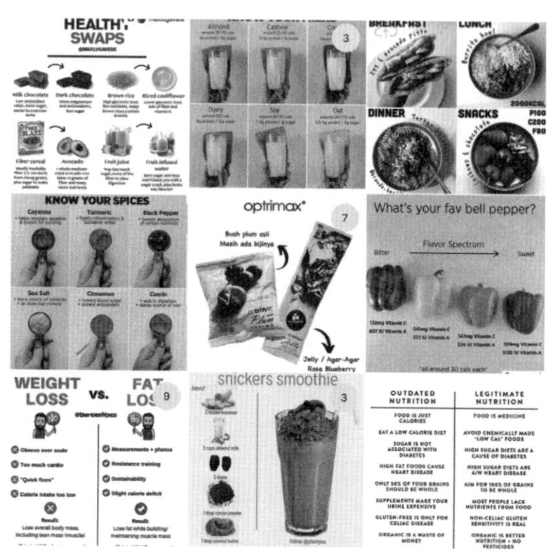

圖說：參考示意圖

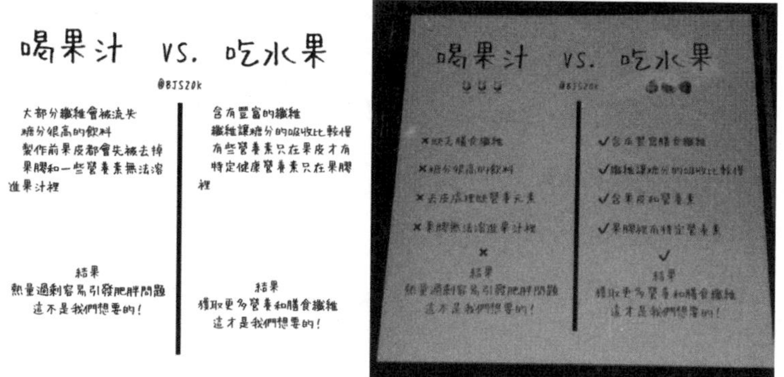

圖說：左：第一次製作／右：修改調整後

3. 產品圖文的鋪排

接下來他試著做含有產品的文字鋪排，下面是他製作的三張照片，第一張的 icon 太多，紅色色塊太多，並且圖片裡有插圖也有真實的食物素材，乍看之下會有點混亂。經營 Instagram 在規劃整體版面上，需有留白感。

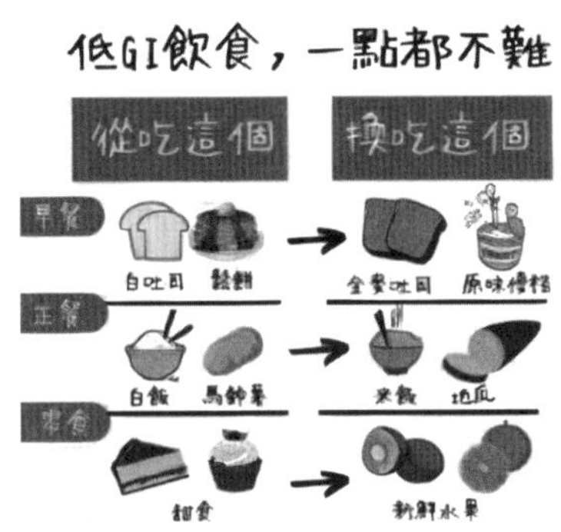

圖說：第一次製作

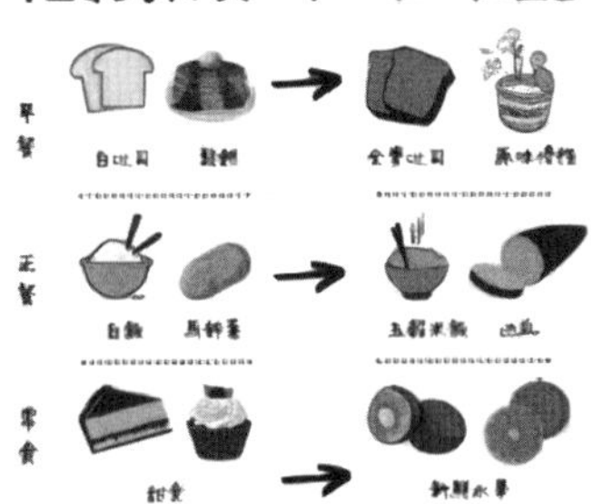

圖說：第二次調整

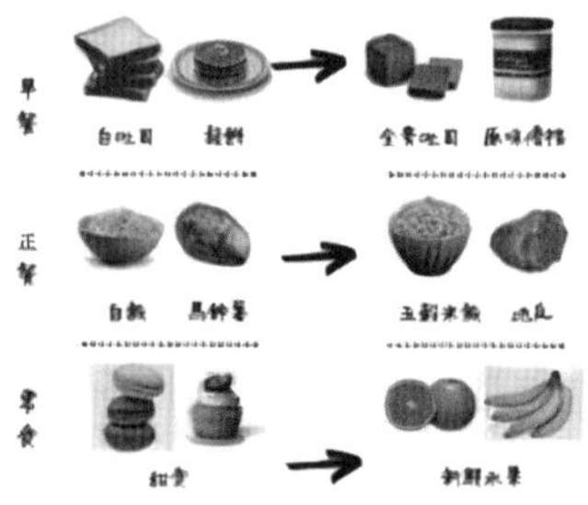

圖說：最後調整後

我建議他把素材的紅色位置移除，並且把左側的早餐、午餐、零食的分類變成直排，並把食物圖素全部都改為去背照片，改了三次之後，完成第一張照片的製作。**製圖排版時，請以手機螢幕作為基準，避免出現文字太小、看不清楚的狀況。**

圖說：學生作品文字太小

4. 如何突顯圖文的重點

Instagram 排版的重點在於留白感，讓文字和圖片的鋪排變得清楚和簡潔，但為了避免版面太過單調，我建議他在文字加上對應的底色，突出文案重點。

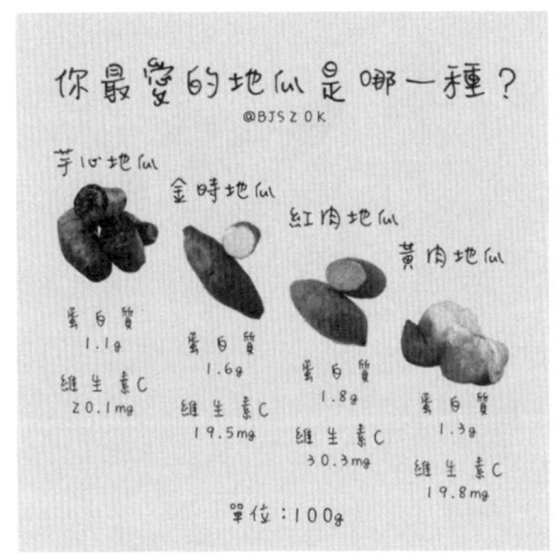

圖說：學生第一次製作

只不過悲劇發生了，他會錯意，把底色調得太重，把重點文案蓋住，經過建議，他調整了文字底色後，才突顯了圖文中的重點。

5. 學習找版型和方向

完整的 9 張照片調整，大約抓在 3 個禮拜左右的時間。

當學生們一步一步的做出自己想要的風格，發現問題再度調整後，最終都會明白要如何排版、發照片、寫文案，並試著自己排版，找到自己的版型和方向。

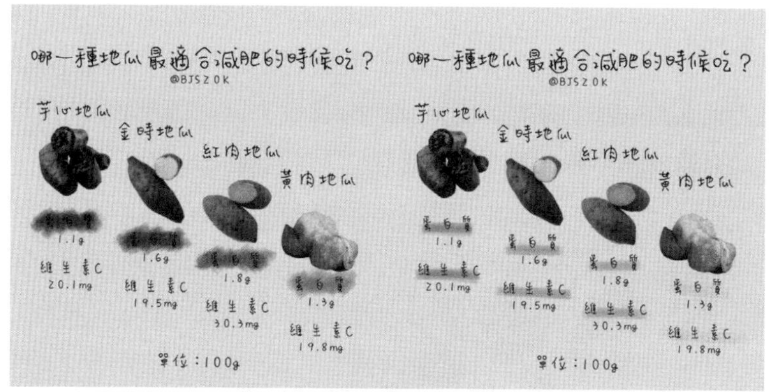

圖說：左：第二次調整／右：最後調整後

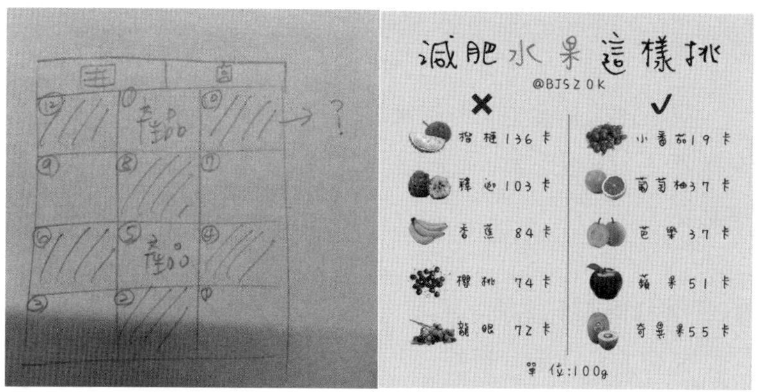

圖說：如何排版

掌握四大重點寫出簡單易懂的自我介紹

版面呈現是給「陌生人」看的，陌生人能在越短的時間看得出你的職業、專長、特色，那就等於成功了一半，剩下來的一半是自我介紹。

而在我們製作自我介紹的時候，可以先了解自我介紹的一些差異和架構。

當我們在撰寫自我介紹的時候，要注意不要把文字變成段落式，很多店家喜歡在自我介紹宣導理念，卻忽略了在資訊爆炸的年代，消費者的專注力變短，因此如何提供他們快速便捷

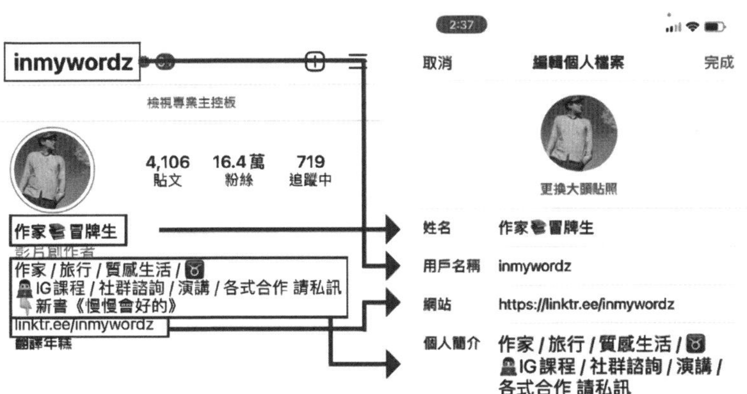

圖說：自我介紹的架構

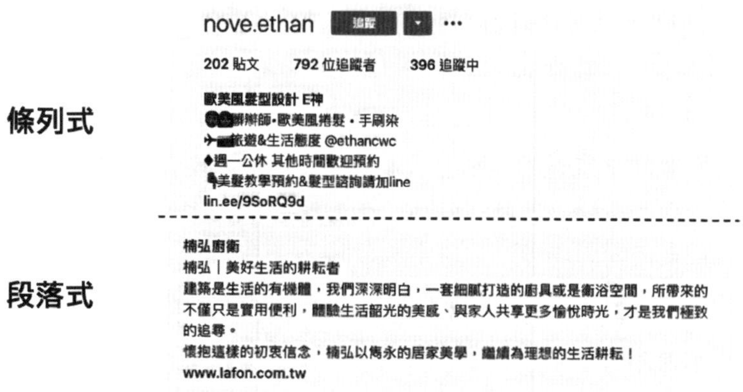

條列式

nove.ethan 追蹤 ···

202 貼文　792 位追蹤者　396 追蹤中

歐美風髮型設計 E神
辦辦師・歐美風捲髮・手刷染
✈旅遊&生活態度 @ethancwc
♦週一公休 其他時間歡迎預約
美髮教學預約&髮型諮詢請加line
lin.ee/9SoRQ9d

段落式

楠弘廚衛
楠弘｜美好生活的耕耘者
建築是生活的有機體，我們深深明白，一套細膩打造的廚具或是衛浴空間，所帶來的不僅只是實用便利，體驗生活韶光的美感、與家人共享更多愉悅時光，才是我們極致的追尋。
懷抱這樣的初衷信念，楠弘以雋永的居家美學，繼續為理想的生活耕耘！
www.lafon.com.tw

圖說：條列式與段落式

的聯繫方式，才是我們在 Instagram 自我介紹有限的版面裡需要做的。

請參考上圖的兩種自我介紹的差異性，顯然條列式自我介紹一目了然，可以幫助我們快速地被看到，並提供相對應的資訊給消費者。

我也整理了條列式自我介紹的限制給大家參考。

- 最多 4 行。
- 一行最多 20 個字（避免斷行）。
- 用戶名稱不要有超過一個底線或特殊符號。
- 姓名可以置入身分地點。
- 個人簡介分三行。

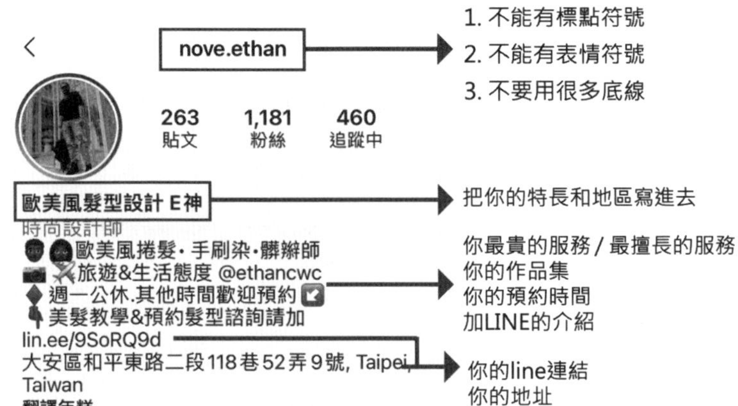

圖說：自我介紹注意事項

- 第一行用關鍵字的形式點出主題。
- 第二行提供作品集或服務項目。
- 第三行提醒廠商邀約可以私訊。
- 第四行針對網址的説明。

看似簡單的自我介紹，其實需要一定程度的自我瞭解。

如果你的經營目的是為了讓大家更認識你的專業，那就不需要過多強調個人性格，因為你的性格對消費者來説沒有太大的意義，大家要知道的是如何聯繫，能從你的服務中得到什麼？

修改後差別

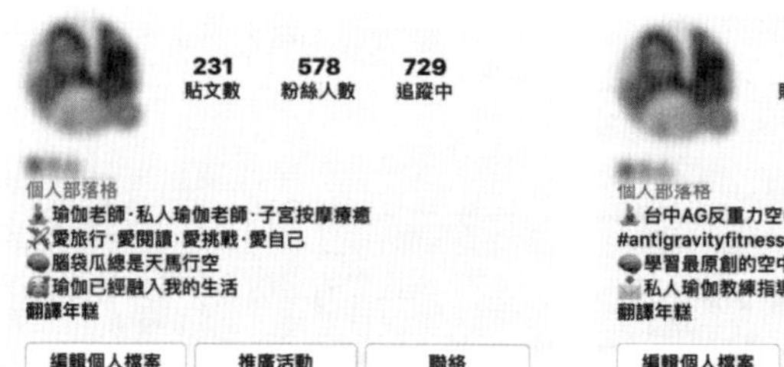

圖說：學生修改後差異

大家可以參考上面兩者自我介紹的修改前後的差異。

我的這位學生她也是依照上述建議，進行自我介紹的條列式整理，卻太過強調自己的個性，而且這些對她的專業沒有幫助，因此在我調整後，你可以看得出來從第二行開始，我著重課程地點和課程名稱，第三行強調消費者可以得到的服務和價值，最後一行提醒消費者進行邀約，一樣都是短短四行的文字，兩者的立意就有很大的差別。

如何正確的運用 Hashtag 讓內容被更多人看到

搞定自我介紹以後，我們的貼文裡還需要 #hashtag，而 hashtag 的使用目的，是希望自己發布的內容可以被陌生人尋找類似主題時發現，所以在使用上要提供一個小技巧，也是很多人會忽略的事情。

注意：Hashtag 最多可放 30 個

◆ 10萬+

#剪髮 #染髮 #燙髮 #手刷染 #雲朵燙

◆ 5萬+

#水波紋燙髮 #木馬燙 #氣墊燙 #髮根燙

◆ 1萬+

#台北剪髮 #台北燙髮 #台北染髮

◆ 1000+

#西門町剪髮 #西門町燙髮 #西門町染髮 #歐美染 #資生堂藥水

◆ 你認為會紅的

#台北雲朵燙 #京喚羽護髮

圖說：搜尋 hashtag 使用頻率

那就是不要只是用最熱門的 hashtag，首先，我們要運用 Instagram 的搜尋功能，找出想要使用的 hashtag 使用頻率，並且列表排序，抓出一個大概的範圍，瞭解使用的 hashtag 熱門程度和競爭程度。

接下來要留意的是，由於 Instagram 的 hashtag 最多可以使用 30 個，因此，我們可以依照金字塔的邏輯來選擇 hashtag。

越多人競爭、越多人使用的 hashtag，會比較偏大方向的設定，因此選擇不需要多，大概 3–5 個左右就好。接下來中間層級的，可以加入地區和產業類別的鎖定，大概選擇 8–10 個左右，最後的 15 個就可以選擇競爭者較少、並且涵蓋自己創造的小分類。請參考下圖的鋪排方式。

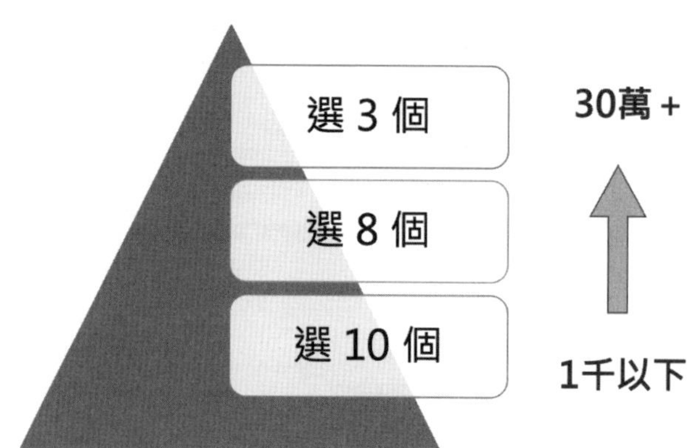

圖說：hashtag 鋪排金字塔

如何完整架構你的社群貼文

整體 Instagram 的文案規劃，首先可以先放置圖片說明，第二段可以強調最新的活動，第三段放預約資訊，接下來就可以置入 hashtag 和個人分類，可參考下圖的鋪排方式。

範例

IG 的圖片

最新作品 #青灰綠 與以往亞麻綠不同
注入更多灰色調，給予高級冷豔感覺

#roothair最新活動
韓式髮根燙活動價 1000 元
Milbon燙染後頭皮SPA只要 800 元

LINE快速預約👉 @alice.roothair
完全預約制（每日預約3位）
歡迎加 IG 私訊預約～
www.instagram.com/alice.roothair

#剪髮 #染髮 #燙髮 #手刷染 #雲朵燙
#台北剪髮 #台北燙髮 #台北染髮
#歐美染 #資生堂藥水 #韓系燙髮 #日系燙髮
#京喚羽結構護髮 #納普拉鉑金護髮
#西門町設計師推薦
#西門町剪髮 #西門町燙髮 #西門町染髮
#西門町染髮推薦 #西門町燙髮推薦

看更多👇
#Alice作品集 #Alice招牌燙

你的版本

IG 的圖片

第一段，圖片說明

第二段：
最新活動（沒有可省略）

第三段：
預約資訊

第四段：
10萬+ hashtag x3
1萬+hashtag x5
1000+hashtag x10

第五段：
個人分類

圖說：貼文撰寫規格

透過這個方式，好處是相關的圖文內容會自動被歸類成為一個大範圍的內容，可以作為履歷表的形式，讓有興趣的人點進去看更多。你可以參考我的畫面，下圖是我的旅行相關貼文，「旅行」是我用來作產業類別的分類，我也有提供地區的分類，例如「# 冒牌生在花蓮」、「# 冒牌生在新北」等類型的 hashtag，提醒讀者若有需要參考攝影景點，點進去即可一目了然。

圖說：冒牌生的 hashtag 分類

上述的文案架構只是一個參考，你可以自行調整第二段以後的內容順序，讓整體的文案鋪排更符合你的需求以及你想要表達的重點。

萬事起頭難，當你不知道該如何開始的時候，可以試著去學習你嚮往的風格，在過程中找到自己的問題，提升自己的內容鋪排能力，最終你會發現找到自己想要的版型並不困難，只是需要時間去調整和練習。

希望這篇教學範例，可以幫助你第一次經營 Instagram 就上手。

第三章

如何運用 LINE 官方帳號鎖定客戶，降低二次行銷成本

為何通訊平臺 LINE 在臺灣變得越來越方便？背後隱藏著這些商業祕密

LINE 官方帳號常常會忽略的三個設定

為什麼現在是經營商業 LINE 的黃金期？

……

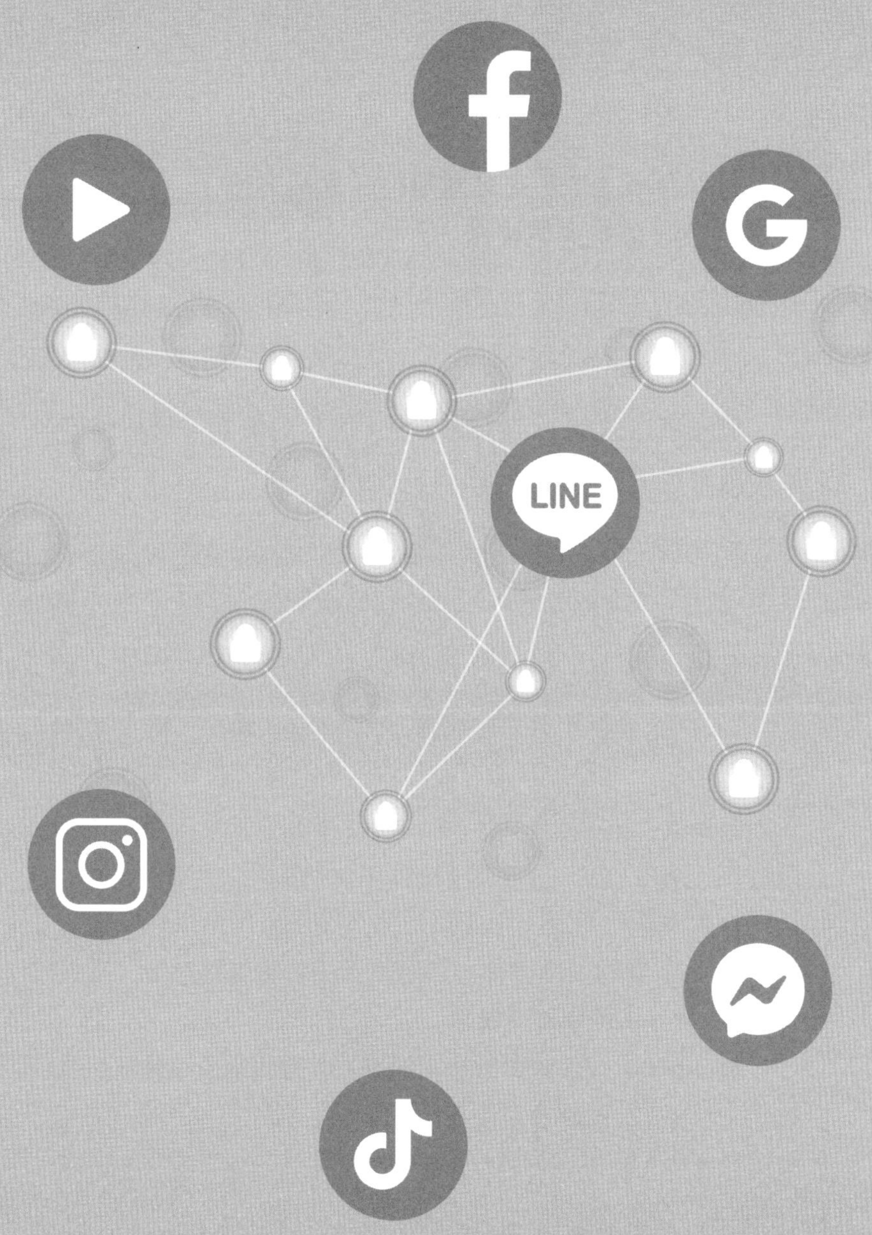
LINE

為何通訊平臺 LINE 在臺灣變得越來越方便？背後隱藏著這些商業祕密

根據網路專家 Mark Schaefer 提供的資料，通訊平臺的使用者習慣在 2016 年出現了黃金交叉，四大通訊平臺的使用率已經超過四大社群平臺。Facebook 在 2014 年收購 WhatsApp，近年也致力發展 Messenger 通訊平臺，將原本 Facebook 的私訊功能獨立成為專屬 APP，現在每個月活躍用戶已經高達 12 億人。

Facebook 近年努力嘗試將 Messenger 轉型，除了原本的通訊功能，再增加客服、商務中心等功能，在歐美也向多家大型銀行，如花旗、U.S.Bancorp、摩根大通等金融機構洽談合作，讓用戶可以直接在 Messenger 查詢到信用卡交易、活期存款餘額等資訊。這些都是為了接下來用戶可以在使用 Messenger 購物做準備，方便用戶更加了解財務狀況，直接從 Messenger 裡刷卡消費。

Facebook 在做的事情並不稀奇，中國的微信早就已經將購物、投資、理財等資訊整合在 APP 裡，除了內建的收付款、生活繳費等功能之外，更早已經接界第三方購物平臺，把通訊

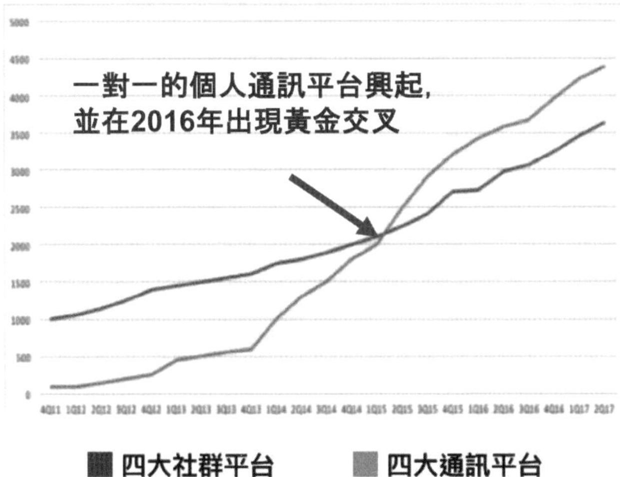

資料來源：https://www.marketersgo.com/marketing/201808/dgc1-line-messenger/

圖說：通訊平臺 VS 社群平臺黃金交叉線

平臺的流量活化再運用，轉換成使用者的實際購買率。

尤其特別的是，除了讓使用者花錢之外，中國微信還試著幫他們賺錢，使用者可以直接透過微信內建的理財寶功能，直接購買到金融相關商品，而且從保險到定存統統都有統統都不奇怪，也讓使用者從生活到工作再到理財，都離不開微信平臺。

其實，通訊平臺的未來不會只是通訊平臺而已，LINE 近年也是動作頻頻，從 2016 年開始，為了搶行動支付市場，

LINE Pay 與各大銀行業者合作，發行聯名卡，輔以高額的 LINE Points 紅利點數回饋，迅速衝高臺灣地區的行動支付市場占有率，註冊用戶數在 2022 年 11 月已經突破 1100 萬人，行動支付據點也大幅擴張到 42.5 萬處。

發點數，必須讓點數有價值才行，於是用戶在 LINE 裡面，可以透過 LINE 的點數，從一開始的買貼圖到現在儲值、消費、購物，民眾對於 LINE 的依賴度越來越高。然而在 2018 年 7 月底，LINE Pay 首次在海外增資釋股，合作對象卻不再是之前密切合作的中國信託，它轉向台北富邦銀行和聯邦銀行，台北富邦銀行投資 31.58 億元，占股 19.99%，聯邦銀行投資 15.8 億元，占股 10%，未來還會與銀行有什麼更深度的合作，我們可以拭目以待。

不光只是在臺灣，LINE 在泰國也是提供多元化的服務，讓使用者對它的依賴度變得更高。除了臺灣也有的 LINE Today 新聞服務外，LINE 在泰國還推出了叫車、點餐外送、快遞、求職等功能。

各大通訊平臺做到使用人數的廣度後，現在都在做深度，讓自己的 APP 與使用者息息相關，而現在 Facebook 的主要收入除了來自廣告銷售之外，並沒有太多其他的相關資訊，譬如使用者付費移除廣告，這些似乎不是 Facebook 要走的方向。

未來，在 Facebook 已經做到廣大的用戶群眾後，收入與用戶的增長不會再有那麼直接的正比，再加上 Facebook 的年輕用戶有流失的跡象，使用者因為隱私等各方面因素，不再喜歡在 Facebook 上按讚、留言、分享，也讓 Facebook 更難達到廣告精準行銷的目的。

因此，透過發展通訊平臺來鞏固地位，讓用戶除了看新聞、看八卦、看朋友之間的新動態，除了占據了使用者的零碎時間之外，現在他們還想要占據你更多的時間，鞏固使用者的黏著度，由已經發展成熟的 Messenger 平臺提供理財、購物等更多元、更方便的服務。

站在別人的成功經驗上，發展出 Facebook 特有的社群服務，這向來是 Facebook 擅長的事情，就像之前 Facebook 把 Snapchat 的限時動態功能複製過來一樣，但做到用戶深度的事情，則必須要更貼近各地使用者的在地化需求，而不是像以前一樣制定一套全球統一的標準即可。相信未來 Facebook 在整合歐美市場的 Messenger 平臺方面，還有很長的一段路要走。

LINE 官方帳號常常會忽略的三個設定

當人們對通訊平臺變得更依賴，腦筋動得快的商人們，就會想要用它來替自己行銷宣傳，進而賺到更多的錢。在中國有騰訊旗下的微信和 QQ，在歐美有隸屬於 Facebook 的 Messenger 和 WhatsApp。

最近，Facebook 在歐美開始整合 Messenger 通訊平臺，預計將 Messenger 平臺連結各大銀行的理財帳戶，讓用戶可以更快掌握自己的財務狀況，方便直接在 Messenger 中直接刷卡購物。

臺灣的通訊龍頭 LINE 也開始整合行動支付市場，除此之外，也針對商家們推出 LINE 官方帳號服務，協助在地商家與消費者溝通。經過這幾年的發展，使用 LINE 官方帳號的在地商家們與日俱增。

在 LINE@ 的推廣初期，我也開始使用和經營，現在追蹤的人數將近萬人，許多學生也對 Facebook 每況愈下的觸及率感到失望，進而試著經營 LINE 官方帳號，企圖鞏固在地的消費者。而在經營的過程中，有三個值得注意的地方，可以幫助你在用 LINE 官方帳號做行銷的時候事半功倍。

歡迎訊息

歡迎訊息關鍵的地方在於只會出現一次，但卻是新增用戶一定會看到的地方。有些人會忽略它的重要性，以致失去跟顧客建立後續關係的機會。歡迎的訊息不要只是單純的打招呼，應該要挑列出你的LINE官方帳號發文規則，還有發文的方向，就像一本書的目錄一樣。

由於只會出現一次，所以我會在歡迎訊息中加入其他社群平臺的連結，提供客戶們可以更認識你的機會。

圖說：歡迎訊息

自動回覆訊息

當你發送一則訊息之後，使用者回應了非你原先設定的關鍵字，系統此時可以自動回覆一則固定的罐頭訊息，跟使用者做溝通。

原本我一開始在設定的時候，我會設定幾個輕鬆幽默的文案，卻忽略了自己想要傳達的主題。

所以，除了輕鬆幽默的文案之外，在 LINE 官方帳號的自動回覆訊息中，還是要拉回你的主題，提供你已經設定好的關鍵字，供使用者做參考，讓他們可以回歸主題。

比較系統化的做法是，可以先列出 5 個最常被消費者詢

圖說：自動回覆訊息

問的問題，並把相關資訊放入自動回覆訊息中，如果使用者提出的問題超出 LINE 官方帳號訊息三言兩語可以解決的程度，那麼便可以直接在自動回覆訊息中，提供客服或聯絡方式，協助使用者找到答案。

➢ 基本訊息範本：

你好，很抱歉我們目前無法及時回應。

我們的服務電話是：
我們的服務時間是：

想知道更多資訊：http://...

圖說：自動回覆訊息範本

指令式訊息

很多商家在使用群發訊息時，只會想到要傳遞行銷資訊，可是單純的行銷資訊傳遞，有點浪費了 LINE 官方帳號的功能。

如果你是使用 LINE 來發宣傳資訊，那就像是以前的廣告簡訊會被使用者忽略。所以，當宣傳型態的內容結束後，提醒讀者輸入關鍵字，便能得到更進一步的消息，這樣可以獲得即時名單，並二度鎖定有需求的使用者。

現在 LINE 在臺灣的滲透率非常高，商家若試著運用該平臺鞏固在地客戶，那麼上述的三個 LINE 官方帳號訊息設定都是要注意的細節，他們可以讓商家和客戶保持有效良好的互動關係，進而更快的達到銷售目的以及維繫客戶的忠誠度。

如果你是在地店家，我會建議先運用 Facebook 的粉絲專頁，搭配自助的廣告系統提升曝光效果，初期新顧客的開發可能更為重要。Facebook 可以協助各地區、各年齡層，不限金額的下廣告，以提升曝光，等到累積了足夠的客戶清單，再來運用 LINE 官方帳號做深度的經營也不遲。

Facebook 和 LINE 兩個平臺各有優勢和缺點，效果主要還是看廣告策略的制定。把握好自己的粉絲結構，找到最符合自己需求的平臺，才能選出最適合的行銷平臺，以及廣告投放的策略。

為什麼現在是經營商業 LINE 的黃金期？

每個社群媒體在剛興起的時候，都會有曝光紅利，等到使用者多了，就會開始減少曝光的方式，讓商家花費更多的費用來進行行銷宣傳，Facebook 的粉絲專頁就是這幾年的最佳範例。剛開始 Facebook 為了招攬商家、推廣粉絲專頁，提供給商家許多自然的社群曝光機會。由於發文介面簡潔、回應互動高、觸及效果好，因此吸引許多商業用戶紛紛駐足。

這幾年，Facebook 開始限縮粉絲專頁的觸及率，早已經習慣免費使用的商家們怨聲載道，紛紛尋找下一個出口。許多腦筋動得快的時尚、快時尚產業，選擇 Facebook 旗下的 Instagram，希望再跟 Facebook 一樣可以累積粉絲，減少行銷的成本。

然而，問題在於 Instagram 的使用限制比 Facebook 多，光是「網址無法外連」就讓許多電商紛紛卻步。當然，市場仍然有搭著 Instagram 崛起的成功案例，英國的快時尚手錶代表 Daniel Wellington，就是最具指標性的品牌。

Daniel Wellington 早期在 Instagram 崛起，席捲社群網路後，搭配指定的官網銷售，風靡全球，近幾年更是進軍大陸市場，光是雙 11 購物節單日的手錶銷售數量，就可以超過數萬支，上看數十萬支。

隨著社群媒體的日新月異，行銷方式也必須與時俱進，近期隨著通訊平臺在生活領域的高度滲透，許多商家開始轉移到通訊平臺，透過通訊平臺來做一條龍的服務，從宣傳到行動支付一應俱全。在中國最火紅的莫過於微信，在臺灣最具有影響力的莫過於 LINE 官方帳號。

但由於中國的微信發展較早，他們曾做了一件讓旗下的電商、自媒體恨得牙癢癢的決策，那就是將所有的商業帳號（微信公眾號）拉到同一個對話框的欄位裡，美名其曰讓使用者的介面可以更乾淨，但對於公眾號的經營者來說，流量瞬間減少了超過一半，以前大家可以直接在對話框裡跟讀者互動，但現在使用者必須點擊進入「訂閱公眾號」的欄位裡，資訊才會被看到。

這個小小的改動，牽一髮動全身，Facebook 曾在 2017 年 10 月的時候，在柬埔寨及斯里蘭卡等 6 國的 Facebook 做了測試，把原本的動態時報限制為只能看到自己家人及朋友的貼文，而企業和媒體等商業帳號，則全部聚集在「動態探索」（Explore Feed）頁面，這在當時引發了強烈的衝擊。雖然 Facebook 最後喊卡，但商業粉絲專頁的觸及率仍然還是每況愈下。然而，為何說現在是經營 LINE 商業帳號的黃金期？大家可以參考現在 LINE 的介面裡，它尚未把商業和個人帳號分開。

我們可以在 LINE 對話框裡看到五花八門的資訊，這對於已經投入 LINE 官方帳號的商家來說，就是社群紅利，未來等到 LINE 變得更成熟，為了讓使用者更容易閱讀自己的對話頁面時，它們可能也會走向微信的路線，把商業帳號相關內容整合在同一個欄位。把握好一個平臺的興起，站在巨人的肩膀上跟他一起成長，才能做到事半功倍的效果。

發送訊息的形式是文字好還是圖片好？

經營 Facebook 還有 LINE 官方帳號時，我們要先瞭解兩者的文案結構是不同的。Facebook 的貼文中，使用者習慣從上往下閱讀，因此重要的資訊應該放在前五行，因此若貼文中有一定要讓觀眾抓住的消息，應該往上放。例如你想強調你的價位比別人低、產品 CP 值比別人高，那麼就應該把相關的資訊放在前五行，讓消費者可以快速的獲取資訊。

然而，在 LINE 官方帳號就不一樣了，消費者習慣的閱讀模式時從下往上看，一次最多可以同步發送三則對話框，所以

➢ 讀取焦點不同：

臉書貼文：前面三行
畫面圖片

LINE訊息：最後一則
下方訊息

圖說：文案讀取方式不同

最新的資訊會依照時間排序放在最下面。因此撰寫 LINE 文案時，應該要把相關資訊放在最下面，讓消費者可以用比較習慣的閱讀方式獲取相關資訊。

那麼，到底是用文字好還是圖片好，這個取決於你有沒有製作圖片的能力。簡單來說，當然是圖片效果好，但 LINE 的圖片規格比較複雜，如果沒有依照官方規格製作，是無法上傳的，所以我會建議一般人可以先從文字入手。在文字的設定上，我們也可以用下面的這 5 種方式來進行。

LINE 訊息文案建議：

- **指令型文案**：點選連結立刻抽現金……
- **互動型文案**：最新網美珍奶你喝了嗎？……
- **偽裝型文案**：你有一組優惠尚未使用……
- **壓力型文案**：限時三天！……
- **資訊型文案**：最新方案通知……

這些文案的共同特色，就是在一開始就給重點了，也希望依照上述的方式造樣造句，可以協助有需要的人快速的把 LINE 官方帳號的文案做好。

接下來，我們要來分析的是 LINE 官方帳號的圖文訊息裡常常被忽略的一些小細節。我在上課的時候，會把下面的圖片素材讓同學們做個選擇。

看完之後
你會點哪張？
為什麼？

→訊息形式
用文字好？
用圖片好？

圖說：你會點選哪一張圖文訊息？

上面六張圖中，看完以後你會點選哪一張呢？

同學們多半都會選擇上面寫著大寒的倒茶圖片，理由是畫面看起來最乾淨簡單，然而這個世界不可能又要馬兒跑、又不讓馬兒吃草的事情。最受歡迎的圖片卻也是提供資訊最少的圖片，對商家來說，是最沒有意義的圖片，所以當我們在製作 LINE 的圖文訊息時，也要先思考自己的發布目的是什麼？如果只是為了要噓寒問暖，那麼上面印有大寒的倒茶圖片效果並不差，但如果是想要以銷售為導向的圖片，就必須要參考其他的圖片素材。

尤其你可以仔細的觀察看看，除了倒茶和左上角茶具兩張圖之外，其他的素材都有提供執行和點選的提示，讓有需求以及不熟悉 LINE 官方帳號介面的消費者，可以知道從哪個地方點選，再進去購買頁面，完成下一步的動作。

圖文訊息設定：

- 標題：一行以內的文案。
- 選擇版型。
- 上傳限制：10MB 以下，符合設計規範。
- 動作：連結、優惠券。

➢ 版型：單張圖片、非切割拼圖

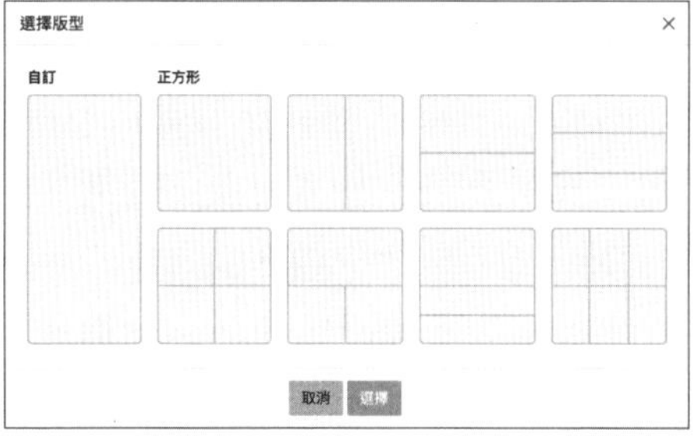

圖說：選擇版型

➢ 版型：設計規範

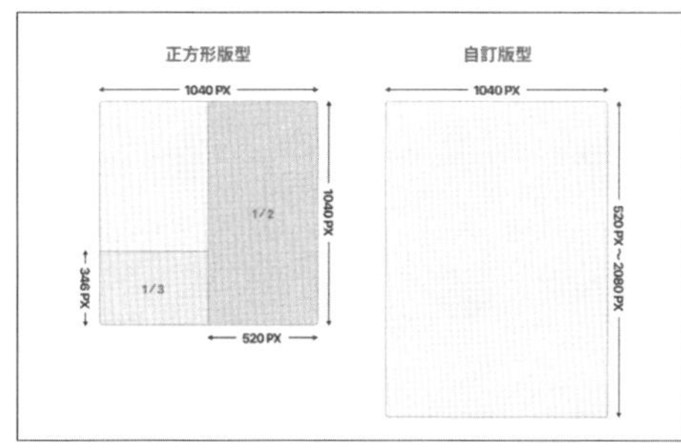

圖說：版型設計規範

➢ 多頁訊息格式：

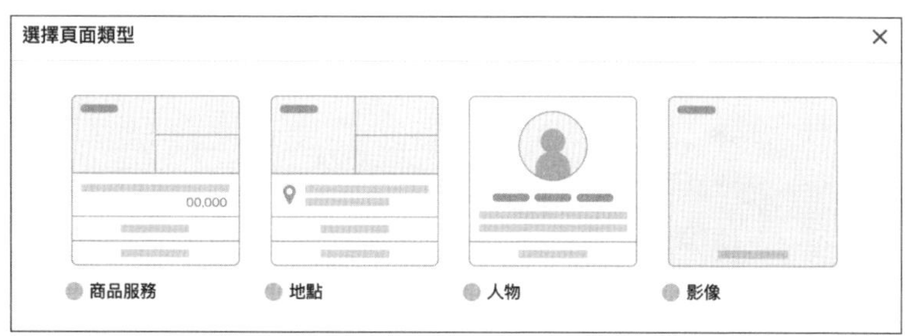

圖說：多頁訊息格式

由於 LINE 官方帳號改變了收費模式，所以設定發送訊息時，更要避免無意義投送，為此，LINE 也將訊息的投送範圍，依照屬性篩選出性別、年齡、作業系統、加入好友的時間（只傳送給新好友或舊好友）以及地區，來做更細緻的設定。

LINE 官方帳號發送訊息功能，是個很普遍的行銷模式，但做得好不好，就在於細節的制定。不要把自己當成機器人，而是要把文案設計得有溫度，用指令指引的方式進行對話，才能創造與好友們更多的互動，減少被封鎖的機會。

如何避免被封鎖？多久發送一次最好？何時發效果最好？三大常見問題一次搞定

LINE 官方部落格曾分享過肯德基的經營方式，重點提到，肯德基使用關鍵字回應訊息的功能做對話式點餐，讓轉換率比官網訂餐提高將近 1 倍，平均每筆訂單金額也比官網訂餐高。

大公司的經營手法，有其獨到之處，儘管這些手法不一定適合中小企業或個體戶經營，但我們依然可以借鑑肯德基的數據和經營手法，讓我們在經營 LINE 官方帳號的時候避免被封鎖，同時找到 LINE 官方帳號的定位。

首先，肯德基沒有明確的列出關鍵字列表，而是思考消費者平常會説話的口吻，抓出「點餐」、「外帶」、「肚子餓」等關鍵字，一旦好友輸入指定的關鍵字時，就會引導進入訂餐流程。

為了避免被封鎖，肯德基在一開始加入好友訊息的時候，就告訴消費者會得到相關的好康資訊，並直接提供優惠券讓消費者可以使用，得到優惠券之後，還會再提醒他們接下來還有其他的優惠會陸續推出。由於肯德基的產品是屬於可以反覆購買的類型，因此用優惠券刺激消費者下一次使用，可以有效減少被封鎖的機率。

若你的產品跟肯德基一樣，屬於可以反覆購買的消耗性產品或服務，例如美髮、彩妝、食品等類型，那麼也可以參考肯德基的做法，在消費者加入好友後，告知接下來會有更多的優惠資訊可供使用。

推播訊息平均多久發送一次最好？

我們應該要先知道，每推播一次訊息就會有人封鎖，封鎖率不可能是零，重點是如何找出願意留下來的粉絲。

因此我們要清楚的知道，消費者會為了什麼類型的貼文留下來，尤其是中小型店家，不要再抱持著和消費者交朋友，逢年過節噓寒問暖的幻想了，你明明知道消費者是為了優惠加入、為了優惠留下來的，**你總是在逢年過節推出感謝圖文，卻不推出相對應的優惠活動，那麼只會增加被封鎖的機率。**

我們必須養成定期發布訊息的頻率，讓消費者習慣，並且讓消費者感受到每一次發布貼文，都有可以得到的優惠方案。

為了避免消費者對優惠方案感到麻痺，商家應該推出幾個比較常見的方案循環推送，保持消費者的新鮮感。此外，為了避免大量推播干擾消費者，也可以善用貼文串宣傳當季新品與優惠活動，即便貼文串的閱讀量，比訊息的閱讀量來得低，但當消費者養成主動點閱貼文串的習慣後，確實會可以減低訊息爆炸的干擾，以及讓好友分享與互動，達到更優質的效果。

何時發文的效果最好？

LINE 官方帳號的部落格曾經分享過，肯德基平均每五、六天發一次訊息。一週內最常群發訊息的時間是星期三，都是在早上 10:30 發送，星期一、四和星期日不會發送群發訊息。

其實像肯德基提供的快餐服務，即便每天發訊息都不會太過突兀，這是因為一個人每天至少有三次吃飯的機會，因此推播的時間就不會選擇在用餐的時間，而是用餐前推播，才有機會達成購買的誘因。

因此我們不是應該學習肯德基在早上 10:30 發送訊息，而是要去思考自己的顧客群，適合什麼樣的時間做推播。

舉例來說，美髮業者他們公休的時間多半是在星期一，那麼身為美髮訓練單位，他們提供課程的時間就會建議星期一舉辦，以達到最佳的報名效果。

何時發文的效果最好，是每個商家需要自己去尋找的答案，請善用 LINE 帳號的**好友標記功能**，來協助你更瞭解消費者的需求，記錄相關溝通流程以及購買時間，商家得以在適當的時候用發布訊息的方式，提供對應的服務。

圖文選單怎麼做最有效益？

以前的年代，傳統報紙最重要的就是頭版頭條，會有最多人觀看也會決定當天的議題走向和銷量；現在的年代，在LINE 官方帳號裡，圖文選單會長期置放在訊息頁面的最上層，就像報紙的頭版頭條那樣，可以決定帳號的主題和內容，也可以讓消費者快速認識你。

官方帳號的圖文選單可以分為大、小兩種類型，小的選單最多可以置入三個不同的連結，而大的圖文選單最多可以置入八個不同的連結，所以當我們協助客戶做圖文選單的時候，總會先詢問六個最常用的功能與服務，依照他們的尋求去提供相關的引導服務。

圖文選單是可以隨時修改的，因此我建議不妨在不同階段設定不同的內容，平時是功能型，主要提供客服、新訊等相關網址連結，特殊活動期間把圖文選單變成宣傳型，著重在產品或促銷方案的推廣。最後焦點型態的圖文選單，則是用來突襲最為特殊的活動內容，用最大的篇幅主打單一主題或活動。

總結來說，圖文選單的內容分為三種類型：焦點型、宣傳型、功能型，這三種類型無法同期出現，所以可以在不同的時間，針對不同的需求來做設定。

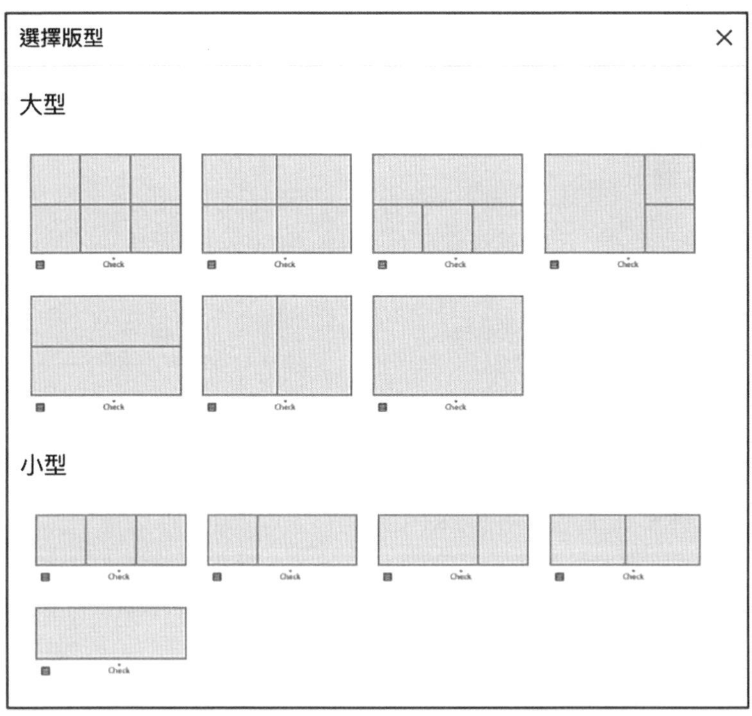

圖說：大型與小型圖文選單

焦點型

這是最單純的做法，會大幅運用在推廣特殊的活動、主題上，例如某年某月某日某時，要宣傳一場直播活動，就可以在籌備期間提供活動資訊，讓網友可以透過圖文選單前往購票頁面、進入直播間，或是任何你需要他過去的頁面。這時候，圖文選單就像一幅大型的廣告看板，讓美術設計可以用最多的空間，運用最豐富的視覺效果，吸引消費者點擊。

宣傳型

這種類型最常見的是在購物網站，例如雅虎奇摩購物中心、蝦皮、Pchome、MOMO 購物等官方帳號，尤其在他們做週年慶或者是期間限定的促銷活動的時候，更是常常出現。

因為必須滿足各方廠商的期待，購物網站可以運用六至八個不同宣傳版位，推廣不同的產品，最大程度的滿足主打商品或主要合作的廠商。

例如在雙 11 期間，購物網站若是要主打 3C 產品，那麼在 LINE 官方帳號就會出現手機、筆電、行動電源、桌機、行動硬碟、數位相機、平板電腦、智慧手錶等相關的連結指引，讓消費者可以快速前往活動頁面。

功能型

這種類型多半是政府單位、媒體及個人品牌經營時會見到的呈現模式，「疾管家」的帳號就是一個很好的示範，他們提供多達八個常用連結，讓網友依照需求點擊。隨機舉例其中的三種，澄清專區、常規疫苗何時打、查看國內外疫情等相關延伸網址，讓網友可以直接點擊進入。

還有一些銀行也會透過官方帳號推廣商業服務，例如中國信託銀行就提供信用卡服務、借貸、匯率投資理財資訊、優惠專區、最新方案、個人化設定等六項服務，這些內容和連結會時常改變，結合自家商場最新推廣的服務，有更多不同的變化，讓商家可以靈活運用。

個人品牌比較常見的做法是提供團購（促銷資訊）、Facebook、Instagram、Podcast（或各大社群平臺）、最新活動、投稿（客服）信箱等資訊，讓消費者可以把 LINE 官方帳號變成一個「我的最愛」的搜集頁，透過 LINE 官方帳號再找到更深度的服務。

從彰化縣政府的 NG 回應，看 LINE 官方帳號自動回覆訊息設定的重要性

2019 年 2 月，彰化縣長的 LINE 官方帳號出了一個大烏龍，有一名吳姓男子因為承受不了照顧年邁又多病的雙親，生活壓力大，向彰化縣社會處求助碰壁後，又向彰化縣長的官方帳號留言。該名男子發了幾則負面的留言「想自殺」、「那我死給你看」等訊息，沒想到 LINE 官方帳號卻秒回「還不錯」，讓吳姓男子無法置信，並訴諸媒體。

後來，有媒體記者發訊到彰化縣長王惠美的個人 LINE，詢問整件事情的緣由，王惠美則回應，這是競選期間設置的官方帳號，已經沒有在使用了，並不清楚事情的來龍去脈。

整件事若從社群的角度來看，有兩個可以切入的觀點。首先是民眾對 LINE 的依靠度越來越高，但卻對 LINE 官方帳號的自動回覆系統認知不足。

其次，對彰化縣長王惠美的競選團隊來說，這是當初跟民眾交流的管道，但彰化縣長競選後卻沒有確實關閉帳號。而且一開始在設定「自動回應」內容時，只設定了立場模稜兩可的中性回答，沒有思考過經營策略，才引發了後續的軒然大波。

根據媒體報導，整件事情的始末是吳先生在與社會處反映

自身狀況未果後，到王惠美的官方 LINE 官方帳號「@有話想跟惠美說」留言，對方秒回：「我是惠美分身『小小美』，請問你想要跟惠美分享什麼？什麼議題都歡迎提出交流！」

吳先生沒有得到想要的回應，又再度詢問相同的內容，王惠美的 LINE 官方帳號也立刻再次自動回覆相同的內容，直至吳先生改發「你好」，原先預先設定好的另一則自動回覆又跳出來：「收到你的意見分享，請留下你的手機號碼，我會請惠美好好參詳，再跟你交流交流。」

幾次答非所問之後，吳先生直接透露輕生念頭說「想自殺」，對方竟秒回：「還不錯，但未來我們要一起更好！」他按耐不住情緒，再留言「那我死給你看」，結果 LINE 的回覆又再度回到一開始的對話內容：「我是惠美分身『小小美』，請問你想要跟惠美分享什麼？什麼議題都歡迎提出交流！」

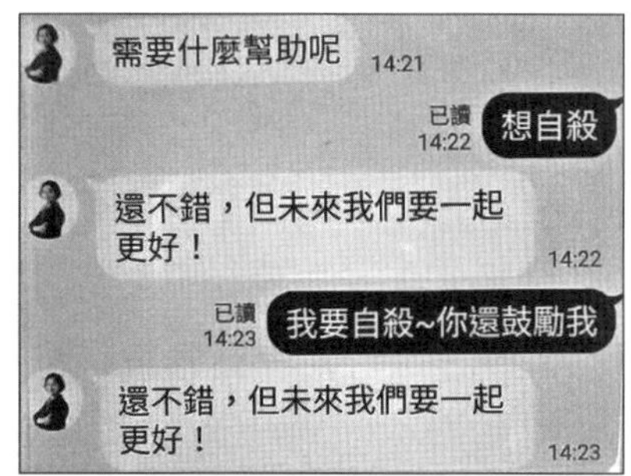

圖說：自動回覆訊息 NG 範例

為了避免這樣的狀況，社群經營人可以怎麼做？

解決的辦法有三種：

1. 在競選結束以後，確實關閉 LINE 帳號，但這是最不理想的做法，畢竟這是在競選期間打開的溝通平臺，並且花了大筆的行銷預算與民眾溝通，在競選結束後就立即關閉，觀感並不好，而且也十分可惜。
2. 改變原本 LINE 官方帳號的定位，LINE 的資訊傳遞方式是用訊息一對一的溝通方式，跟 Facebook、Instagram 平臺一對多的溝通方式不同，由於是私訊傳遞的方式，民眾會對 LINE 的回覆更具有期待。

   但 LINE 官方帳號在沒有專人管理的情況下，並不適合拿來做溝通的管道，反而比較適合拿來做資訊傳播的平臺，因此，在歡迎訊息的設定就要開宗明義説明白，若有想要反應的任何問題，請撥打相關電話，並留下市政專線或客服專線，提醒民眾不要在 LINE 直接留言，也不必透過 LINE 搜集民眾的電話資訊，再請專人回覆，這是本末倒置的行為。
3. 初學者在設定「自動回覆」訊息時，會想要有創意，或者設定一些話語跟民眾互動，但由於民眾的問題無奇不有，就算預備再多的創意回答，最終也只是白話，消磨民眾的時間，當遇到真的有問題想要被解決的民眾時，是毫無助益的。因此在設定「自動回覆」訊息時，應該再拉回到「歡迎訊息」的基本面，也就是告知民眾相關的選單功能、相關的關鍵字回覆功能，並且告知市政專線或客服專線。

畢竟 LINE 的「歡迎訊息」只會出現一次，民眾不會留下深刻的印象，但偏偏那又是最重要的資訊，必須反覆的出現與民眾溝通，那麼就必須置入在「自動回覆」訊息處，回歸基本面，還是加強民眾對於 LINE 官方帳號本身設定的觀念。

社群經營人在設計 LINE 的回應系統時，需要做出上下層選單的概念，就像銀行的電話理財系統規劃，一層一層的把民眾分門別類，讓他們找到自己所需要的東西。至於創意則是擺最後，避免民眾像測試 iPhone 語音助理 Siri 那樣，問一些千奇百怪的問題，導致傳遞錯誤的訊息，造成溝通的誤會。

使用聊天機器人之前要知道的三件事

許多小編會開始在粉絲專頁上，使用聊天機器人來做互動，通常搭載聊天機器人的貼文觸及率，都會大幅增加 5 到 10 倍。網友們搶著留言「+ 1」，似乎找到突破 Facebook 演算法、提升粉絲團觸及率的好辦法。為什麼聊天機器人會提升觸及率呢？

之前曾經分享過 Techcrunch 探討 Facebook 演算法的公式，發文後的互動狀況如何？是否展開對話？展開對話很重要，而聊天機器人就是展開對話的其中一個辦法。

身為一個社群經營者，最常做的事情勢必就是踩地雷，三不五時的去嘗試新鮮事物，因此我也試著用聊天機器人來跟網友互動。

嘗試以後，整理了三點感想跟大家分享。原本單則貼文 3 至 5 萬的觸及率，第一次使用聊天機器人的時候，可以增加到十幾倍，獲得近 50 萬觸及率的數字。

1. 圖片＋文字的貼文方式最有效

我們為了測試哪一種發文最有效，測試過圖片＋文字的發文、分享連結的發文以及分享影片的發文，發現後兩者在半個小時獲得的回應不到 30 個，而採取圖片＋文字的發文方式，半個小時的回覆即可達到 300 至 3000 個回應不等。

我想這是因為 Facebook 的演算法不鼓勵把內容外連，因此分享文章連結、YouTube 影片連結的做法，都不會比直接在 Facebook 上上傳照片或影片的效果來得好。

2.「＋ 1」達標效果最快，但最無聊

現在大多數小編的做法都是賣關子，你留言「＋ 1」，我就給你一個東西，從試閱本到文章，再到修圖軟體、APP 連結無奇不有。請網友留言「＋ 1」雖然簡單但也最沒有溫度，只會得到罐頭式的回覆。所以第一次使用「＋ 1」以後，雖然得到很好的回應成效，但後來我並不採用這樣的做法。

我開始制定心理測驗、文字選擇題，並且鼓勵讀者多說一點，例如我曾詢問過讀者：「忘掉一個人要多久？一輩子還是一瞬間？」鼓勵讀者多說一點。

後來得到的回應不再只是「＋ 1」這種制式化的留言，而是他們想分享的心事，或許小編們也可以試試看。

3. 聊天機器人的收費標準

聊天機器人是由第三方平臺所開發的程式，絕大多數都是以免費為號召，原本我也以為是免費的，但後續在使用的時候才發現，聊天機器人的收費模式是依照訂閱用戶計算的。

只要你和粉絲展開對話，那就代表他成為了你的訂閱用戶。我使用的「Mr. Reply」收費模式是一個月 500 人收美金 6 元，1000 人收美金 17 元，2500 人收美金 29 元，3 萬人收 189 元，每一家的聊天機器人收費大同小異，社群經營者還是要思考自己經營的目的。

如果你是部落客，想要導出文章給你的讀者，又或者你是商家，想要透過聊天機器人發送折扣等推播訊息，那麼聊天機

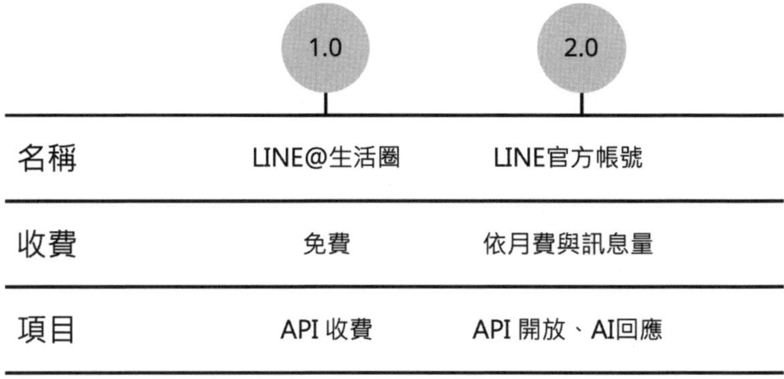

	1.0	2.0
名稱	LINE@生活圈	LINE官方帳號
收費	免費	依月費與訊息量
項目	API 收費	API 開放、AI回應

圖說：LINE 版本差異

器人的好處在於，原本有在經營 Facebook 社群的你，不用再經營其他的社群平臺，比如說 LINE 官方帳號。

兩者之間的取捨，在於你原本 Facebook 粉絲專頁的人數有多少，因為要累積 LINE 官方帳號的訂閱用戶，也是需要一段時間和開銷的。

而在價格上，LINE 官方帳號可以推播的人數比較多也比較便宜，一個月臺幣 800 元，可以推播最高達到 2 萬人，供大家做個參考。

自動化的聊天機器人，為粉絲專頁建立了另一個溝通管道，如何將聊天機器人玩得更生動有趣，建立與粉絲更直接快速的互動，是小編們需要再深入思考的問題。

2.0版 月租費＋訊息用量 決定費用高低

	輕用量	中用量	高用量
固定月費	免費	800元	4,000元
免費訊息則數	500則	4,000則	25,000則
加購訊息費用	不可	0.2元	~0.15元 （請參閱加購訊息價目表）

資訊來源：https://www.linebiz.com/tw/service/line-account-connect/

圖說：LINE 訊息用量決定費用高低

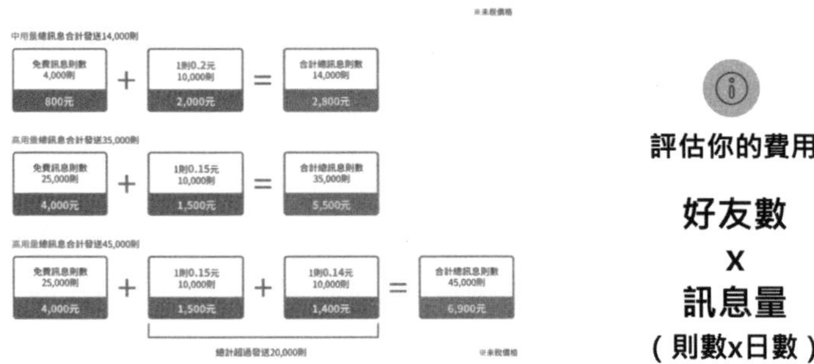

圖說：訊息用量試算

聊天機器人雖然是目前提升觸及率最有效的辦法，卻不是長遠之計，過度頻繁的使用，可能會讓粉絲覺得疲乏，因此千萬不能因為聊天機器人而忽略了一般性貼文的重要性，必須妥善的運用，才能發揮最大的效益。

第四章

新平臺和新趨勢

Instagram 的祕密武器「Reels」能打敗 TikTok 嗎？

TikTok：後疫情時代要怎麼做才有免費的流量

LINE 社群：如何用聊天的方式，聊出滾滾財源！

……

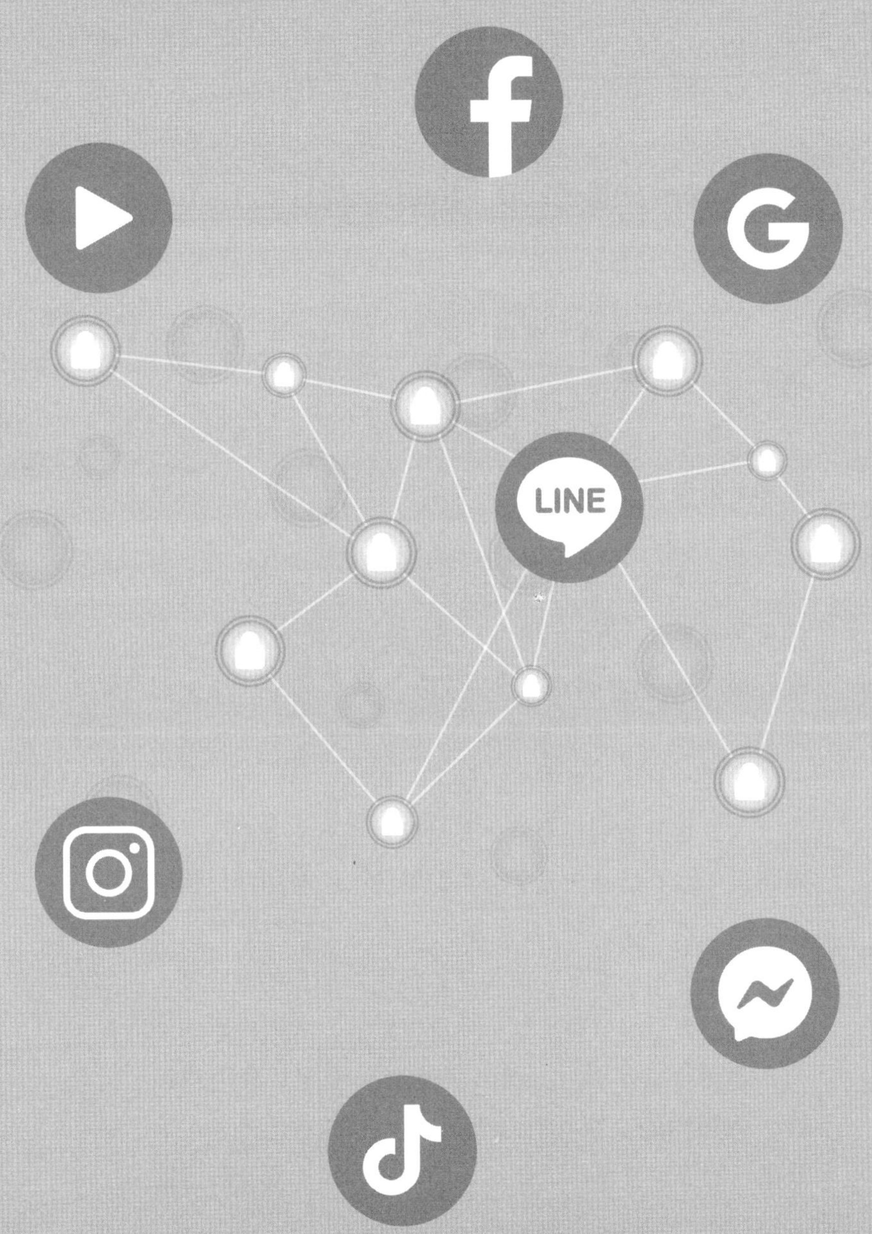
LINE

Instagram 的祕密武器「Reels」能打敗 TikTok 嗎？

社群的進化瞬息萬變，再加上網路頻寬越來越強大，傳播的速度越來越快，從文字、圖片、直播、影片，進化到碎片化的短影片，這個改變不只是自媒體的經營者需要調整改變，就連社群商業巨頭們也必須推出相對的服務，避免被廣大的用戶拋棄。

無論是旗下擁有 Facebook 和 Instagram 的 META，又或者是掌握 YouTube 和 Google 搜尋引擎的 Alphabet，都紛紛在旗下的 App 推出短影音功能，雖然對於「短」的時間定義有所不同，但剛開始都以 15 秒左右的影片，再逐步放寬至一分鐘或一分半，甚至三分鐘。

大家也許會覺得奇怪，為什麼短影音平臺的影片時間要越做越長，這不是會失去了原本的特色，引發用戶反彈嗎？

當社群 App 運用產品差異化的方式取得用戶後，會面臨競爭對手推出新產品的威脅，以及用戶成長的瓶頸期，因此網路巨頭們會紛紛放寬限制，用更寬鬆的方式取得新的使用者。

還記得當年 Instagram 只能發一張照片套用濾鏡，再發表一些短短的文字和 hashtag，現在的 Instagram 早已經不是當年的攝影文藝小清新了，而是變成了一個社群巨擘。

根據 2022 年第二季的 Instagram 日活躍人統計數據估算，在臺灣每日使用 Instagram1 次以上的人，總共有 680 萬人口。

年齡層以 16 至 24 歲為大宗，若你沒經營 Instagram 也沒關係，因為他們 9 成也都有 Facebook。

Instagram 有七成的人都是在看影片，有 47％認為自己是高收入族群，應該消費得起，養寵物的人剛好過半數，5 成的 Instagrammer 會使用 3 到 4 種不同的社群媒體，非常多元。

有沒有看到一句重點，「Instagram 有七成的人都是在看影片！」

這也是為何 Instagram 順應時代趨勢，推出「Reels」企圖抗衡占據了使用者大量停留時間的 TikTok。

Reels 是英文捲筒的意思，用來纏繞和儲存其它細長、柔軟物體的工具，Instagram 賦予了 Reels「連續短片」的意思，市面上與之相似的，莫過於 TikTok 及 YouTube Shorts，Reels 不是 Instagram 推出的第一個影音服務，他們曾在過去五年的時間裡推出 IGTV，企圖搶占直立式影音的市場，當時也一度引起市場討論。

IGTV 主打一分鐘以上的直立式影片，剛開始的企圖心非常大，Instagram 經營團隊甚至直接推出專屬的 App，企圖打造一個新的流量入口，不像 Reels 的定位，僅僅是自家 APP

的「新服務」而已。

IGTV 推廣初期，官方只是在原本的 InstagramApp 內推出專屬入口，並且找網紅搶先體驗，可惜雷聲大雨點小，新鮮感過後，IGTV 的使用者大幅下跌，並且原本想打造全新流量入口的目標也功敗垂成。

後來，我想 Instagram 官方大概是汲取了這次的教訓，數年後推出了 Reels 的功能，順應時代潮流，Instagram 全面 TikTok 化，讓 Reels 成為大家喜歡的短影片平臺。

想經營自媒體的人都希望被看到，無論是 Reels 還是

圖說：Reels 優缺點圖解

TikTok，都主打隨手記錄、拍下生活的精彩片段，簡單加入特效與音樂快速抓住粉絲眼球，我也想和大家分享 Reels 的優缺點，讓大家明白讓自己的影片脫穎而出的關鍵到底是什麼。

Reels 的優點是有音樂、影片曝光高、演算法推薦高、容易觸及陌生粉絲，但缺點是同質性內容太多、稀釋個人特色、粉絲轉換率不高。

即便製作影片變得簡單容易，同時也考驗每個人的特色及創作的內容，它和有些類似的限時動態最不一樣的地方，我列出了下面五點供你參考。

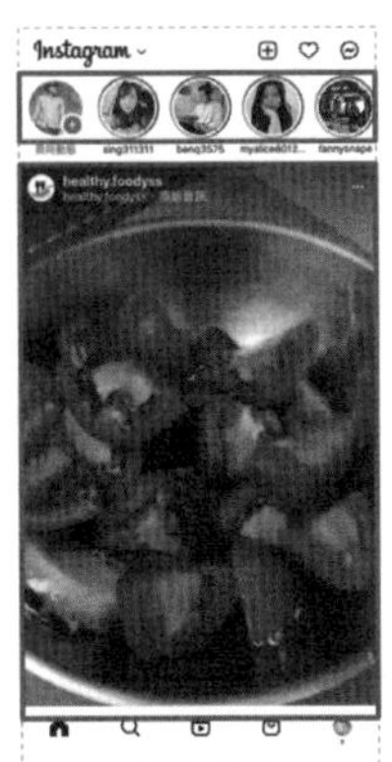

限時動態（點進去才能看）

Reels
會直接出現在首頁
會比較容易出現在探索

圖說：Reels 露出位置和限時動態的露出位置示意圖

Reels 和限時動態的差異

	Reels	限時動態
版位	上方限時動態 及連續短影片版位	上放限時動態
影片長度	最多90秒	最多60秒
音樂	可從IG音樂庫挑選	可從IG音樂庫挑選
速度、特效	可調速度．加層效果	一般速度．可套濾鏡
特點	找到陌生用戶． 讓他們有意願變粉絲	從既有的粉絲 找到願意互動的粉絲

圖說：Reels VS 限時動態比較表總整理

版位：兩種影片的擺放位置不同

限時動態在首頁的上方，Reels 在使用介面下方的正中間，以及你的個人版面，但陌生人 Reels 占據用戶版面引起使用者反感，未來 Instagram 將會減少推薦陌生帳號的 Reels。

影片長度

限時動態已可延長至 1 分鐘，Reels 目前最長一分半，可製作像 TikTok 的短影片。

音樂

限時動態及 Reels 兩者皆可以使用 Instagram 音樂庫，限時動態直接選取，不能選音樂段落，Reels 則可以選取一首歌當中自己喜歡的片段，並疊加影片原音。

速度、特效

限時動態一般速度不可調整，也不能直接疊加濾鏡，Reels 不但可調整速度，限時動態有的特效它都可以使用。

特點

限時動態給自媒體人的既有粉絲觀看，Reels 可以觸及到陌生粉絲，增加帳號被看到的機會。

常見問題：
為什麼 Reels 的曝光比平常貼文高，粉絲卻沒有增加？

我們還是要回顧用戶的使用邏輯來分析這個問題。Reels 影片的高曝光率，是由於演算法的推薦以及用戶嘗鮮的機制所產生，這些用戶並不是平常真的有在用 Reels 的習慣，而是不小心看到了影片。

我總會在 Instagram 的直播課程中詢問我的學生們：「你們看完一部 TikTok 或 Reels 以後會做什麼？是往上滑，還是點進去帳號看一下？」

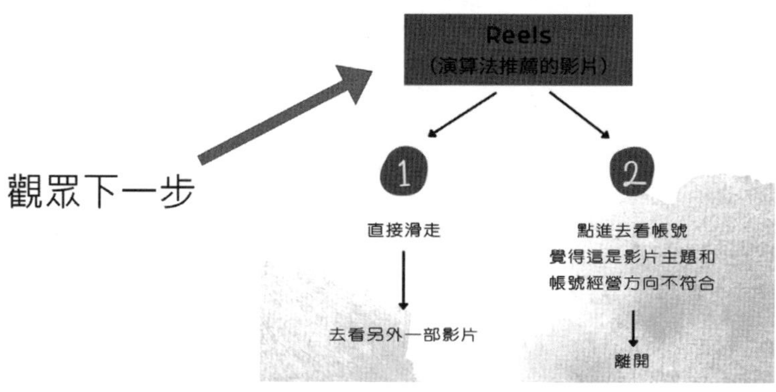

圖說：粉絲追蹤使用情境邏輯圖

這時候，投票的結果多半是往上滑看下一部的居多。這也讓我們能了解到用戶看完影片後的使用情境是向上滑，讓系統再推薦另一部類似的影片，真正停留在你的影片的注意力並不長。

若是真的有幸讓觀眾點入帳號，那麼你的帳號是否能讓他一目了然的知道你能提供的價值？是否有能力持續產出類似的內容讓他得到收穫？

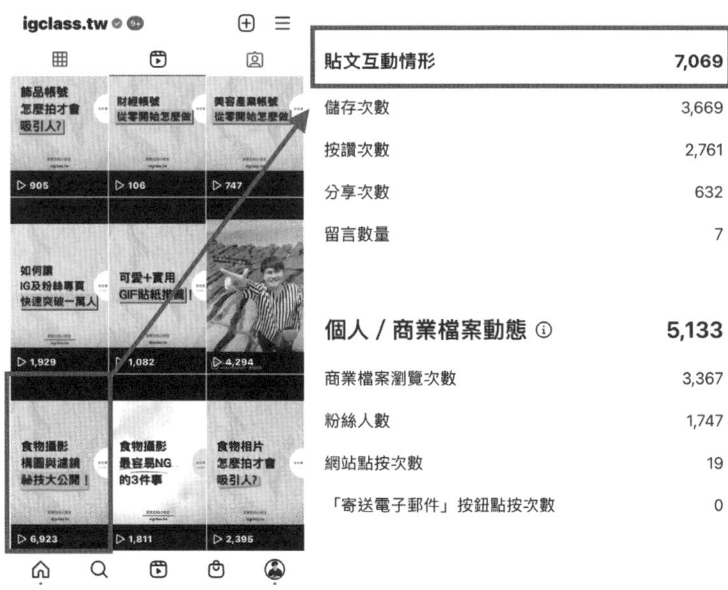

圖說：「冒牌生 IG 小教室」單則貼文粉絲成長數據

我的主帳號是在講述情感類型的議題，當我使用 IGTV 時，也是主打情感議題的分享，那半年粉絲人數從 10 萬人就增加到 16 萬人。後來我經歷了一陣子的倦怠期，不想發文、不想做內容，也覺得沒有好的內容可以產出，於是便荒廢了一陣子。

後來，Instagram 推出 Reels 後，我不想錯過新功能的流量紅利期，於是發了幾部旅行影片，前期的曝光一部影片達到 10 萬人，但卻沒有因此增加粉絲。

簡單來說，就是因為我分享的「生活」內容即便有得到曝光，但卻沒有辦法提供更高的價值。

而我在 Instagram 的副站「冒牌生 IG 小教室」，持續推出 Reels 規格的 Instagram 教學圖片，沒有複雜的特效或華麗的轉場特效，有一則內容卻能得到超過 1700 位粉絲的追蹤。

增加粉絲就會勢必再回歸到內容本身的價值上，倘若內容沒辦法讓粉絲感受到「價值」，那麼無論 Instagram 再怎麼曝光貼文，追蹤與否的決定權永遠是掌握在粉絲的手裡，我們應該先規劃好自身的內容價值，再透過了解系統的機制，才能更快速把握吸引更多粉絲的可能。

TikTok：後疫情時代要怎麼做才有免費的流量

後疫情時代，不只是廠商、網紅們在 Facebook、Instagram、YouTube 等三大平臺上激烈廝殺，想要獲得更多關注度，影音、社群巨頭們本身的競爭也不遑多讓。

Facebook 早已被年輕人放生，TikTok 使用人數將超越 Instagram，這些全球趨勢當然重要，但在地化的數據對於本地市場的考量更重要。

針對臺灣地區 2022 年第二季的 Instagram 日活躍人數統計，每日使用 Instagram1 次以上的人總共有 680 萬人口，其中 16 至 24 歲是大宗，他們之中有九成的人也都有 Facebook。

然而不可否認的是，TikTok 這幾年一直是現象級的社群平臺，全球月活躍用戶超過 10 億。有些媒體甚至預估，到了 2022 年 TikTok 的月活躍用戶可能會超過 Instagram。

TikTok 主打的是記錄美好生活，就像所有的社群平臺一樣，他們希望用戶可以自發性的因為興趣聚集在一起。行銷人看中 TikTok 年輕、高流量，相較於成熟的 Facebook、Instagram、YouTube 來說，沒有那麼大的廣告壓力，平臺的成本依然非常有競爭力。

但若是以自媒體經營者來說，經營 TikTok 要注意的最重要的三件事如下：

1. 演算法。

2. 封面主題。

3. 挑戰賽。

TikTok 是以短影音起家的社群平臺，在臺灣擁有約 420 萬用戶，年輕使用者（18-24 歲）的使用占比達到 38%，相較老牌的 Facebook 在同一個年齡段的使用者占比僅有 15.8%。

雖然說 TikTok 的經營門檻比較低，內容也不必用電腦後製，手機就能完成，但是對於剛起步的網紅來說，想要在 TikTok 占有一席之地，必須先了解演算法的機制，若是單純依靠分享生活、顏值就想爆紅，那僅有萬中選一的機會。

由於目前 TikTok 用戶以學生族群居多，大多數的用戶都會在睡前、用餐時段、早晨、下午的通勤時間使用較多。若是想要得到好的成效，情感類型的文章建議晚上 9 點左右發布，美食類型的議題建議中午 12 點或晚上 6 點左右發布。你認為強的內容，可以在週四、週五、週末等時段發布，成效明顯會比較好。

另外，就像 Instagram 的演算法主要指標是按讚、留言、分享、點擊、珍藏，TikTok 的演算法也有類似的邏輯，以下的四大指標更是直接影響內容成效的關鍵。

影響 TikTok 觸及率的四大指標

1. **愛心**：愛心數越高，影片觸及率相對越高，因此建議在影片中呼籲按愛心，提醒粉絲支持自己。
2. **評論**：評論越高，影片觸及率相對越高，因此試著在影片裡設計跟觀眾互動的問題，讓觀眾回覆評論。
3. **轉發**：同理，在影片中可以引導用戶留言及轉發，讓觀眾與朋友之間互相討論，增加自主曝光的效益。
4. **續看率**：很多影片會在標題寫「一定要看到最後」，不一定是影片裡有什麼了不起的彩蛋，而是因為一部 15 秒到 1 分鐘的影片，若有更高的續看率和完整播放率，TikTok 演算法也會提供更高的曝光度。

封面主題

做自媒體的主題必須要讓人覺得有熟悉度，做人比做品牌簡單，專業比生活更吸睛。封面是觀眾進入你的個人頁面的第一視覺，建議搭配同質性高、同色調的封面，讓觀眾在進入帳號後能一目了然，了解你提供的服務及價值。

以前可能不太需要運用到標題的概念，畢竟只有 15 秒鐘的內容，沒有太多說故事的空間。但現在 TikTok 已經將影片長度限制由 1 分鐘拉長到 3 分鐘，就是希望創作者能有更多發揮的空間，說出一個完整的故事。

因此如何用封面去做出一個吸引人點擊的標題，也會是創作者們需要考量的技巧。創作者們最常使用的方式是整合，提供 3 大、5 大技巧或觀點，讓吸引觀眾點擊了解更多的內容。

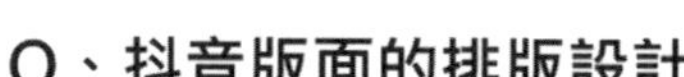

Q、抖音版面的排版設計

圖說：冒牌生 TikTok 封面排版示意圖

挑戰賽

TikTok 在臺灣有在地的運營團隊，為了讓用戶更踴躍的使用平臺，TikTok 的運營團隊常常會推出許多不同的挑戰賽，邀請創作者使用特殊的 # 主題，並給予更多的流量輔助，讓其他的觀眾可以跟風挑戰，促進彼此之間的交流和互動。

跟風挑戰賽是 TikTok 與其他平臺的一個最大的差異化，由官方主導，除了可以讓品牌客戶有更多曝光的機會，也能讓一般用戶和網紅有效的上首頁熱門。在 TikTok 匯集越來越多流量的時刻，官方幾乎每週都會推出不同的挑戰賽。

創作者可以判斷哪些挑戰賽適合自己，設計短影片參賽，就會有更多的機會登上首頁熱門，獲得大量的陌生接觸及曝光的機會。

最後，TikTok 是很年輕的平臺，平臺用戶也以未成年者居多，因此若你的作品有色情、暴力血腥、歧視、霸凌的成分，是很容易被降低觸及率的。

影片模糊不清、畫面有明顯的浮水印和商標，以及疑似含有廣告的內容，都會被降低觸及率，連續推薦幾次後，演算法會自動降低推薦權重，你的帳號甚至有可能淪為殭屍帳號。經營 TikTok 必須去理解 TikTok 獨特的社群特色文化，並順應它的社群文化，創作者會更容易獲得平臺推薦和觀眾的喜愛。

LINE 社群：如何用聊天的方式，聊出滾滾財源！

臺灣最多人在使用的通訊平臺 LINE，在疫情後主推「社群」的新功能，主打興趣聚合。這是一個介於「官方帳號」和傳統的群組之間的新功能，LINE 社群最多可以容納 5000 名成員，並且提供免費的、匿名加入的服務，相較於一般的群組功能只能容納 400 人的限制相比，社群經營的價值更大，能產生更多的流量和活躍度。

社群功能成功的為 LINE 創造出更多、更豐富的價值，並且更大幅度增加了使用者的停留時間。社群和官方帳號的定位不同，成員可以匿名加入，互相交流。

實際使用後，我認為 LINE 社群就像 Facebook 的社團，使用者體驗做得不錯，當中最有感的就是關鍵字過濾功能，可以隔離掉非常多的廣告垃圾訊息，並且提供基本的自動回覆，涵蓋了歡迎訊息、預約訊息、關鍵字回應的相關服務，足以滿足許多團購主的需求。

經營 LINE 社群的發文頻率很重要，我每次上實體的社群經營課程時總是會被問到，大概平均多久發一次貼文才好。其實粉絲是你自己養出來的，發文的頻率是他們來習慣你，而不是你去遷就他們。

畢竟粉絲也是獨立個體，每個人都有自己的眉角和不喜歡的地方，合則來，不合則去。與其考慮發文頻率，不如設定發文規範，建立一個良好的發文空間，讓更多人踴躍分享符合你心中優質的內容，或者用訊息聊天聊出一朵花。

但若考慮到社群本身沒有人會主動發文，彷彿都是你一個人在唱獨角戲，那麼我會建議平均 2、3 個小時可以嘗試開啟一個新話題，像我在自己的粉絲福利社就有特別設置板規，禁止粉絲們發「早安圖」，而我也會先設定幾個我想談論的主題，未來朝著那個方向發揮。

我的主題列表如下：

1. 新聞時事。
2. 心理測驗。
3. 星座運勢。
4. 團購商品。
5. 客戶回饋。

先規劃好在社群裡想討論的話題，會大幅減少詞窮的時刻。另外，還有社群經營者們常常會問：「使用者退出怎麼辦？」其實，如同我上述的合則來，不合則去，LINE 社群的真正重要的兩個關鍵是：

1. 訊息的閱讀量。
2. 新增用戶是否大於退出用戶。

經營社群最怕的不是粉絲退出，因為願意退出的粉絲會騰出新的位置，讓有心想和你相處的粉絲進入。

畢竟社群有 5000 人的人數上限，舊的不去新的不來，最怕的是成員不退出社群，但把你的社群設為靜音。你的群組對他來說，食之無味棄之可惜，在閱讀量低又無法讓新成員進入的情況之下，才是最痛苦的事。這時候還是建議要定期清理成員，保持成員名單的活躍程度。

清理成員前可以先發布規範，例如設定數字上限，清除最後加入的 100 人，若這些人沒有把頭像改為真人就會被退出。透過定期清理的方式，可以保證社團成員的活躍度，讓整體成員更有凝聚力，這對社群最終的發展將會是利大於弊。

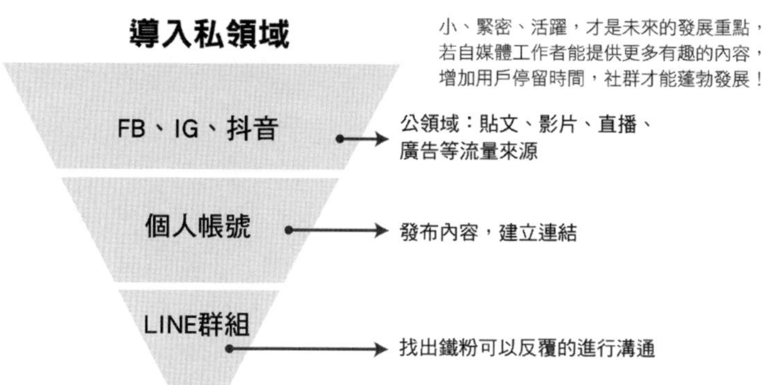

圖說：從公領域導入私領域的社群漏斗

我必須強調，LINE 群組是完成整體社群「行銷漏斗」的最後一哩路，它可以讓你鎖住鐵粉，由於聊天的介面可以反覆發布一些比較輕鬆的主題內容，較能讓消費者與你產生信賴感和多重的互動。

不像 Facebook 和 Instagram 的動態時報機制，發多了怕被粉絲嫌棄，發少了又怕廠商不滿意。未來我想會有越來越多的人加入 LINE 群組，發展可期，但我在想，以宏觀的發展角度來說，LINE 官方應該會希望社群的內容百花齊放，百家爭鳴，而不是只被拿來做團購。用更多有趣的內容吸引用戶，增加用戶的停留時間，才是 LINE 社群最終發展的趨勢和潛力。

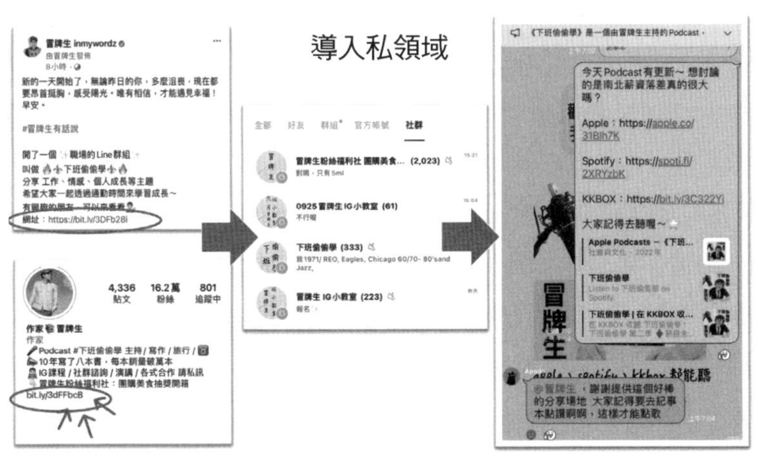

圖說：冒牌生實際操作示意圖

Clubhouse：我是如何用 Clubhouse 吸引到新用戶，並從中變現超過 10 萬元

疫情期間，有一陣子語音直播 APP「Clubhouse」曾風靡全球，在 2020 年 5 月，估值達到 1 億美金，不到一年的時間，估值衝到了 40 億美金。

最開始 Clubhouse 採用的是邀請制，讓許多聽眾為之瘋狂，由於太多人想加入，e-bay 甚至有人在出售名額。在 Clubhouse 中，聽眾可以透過平臺與特斯拉的創辦人馬斯克對話，或是聽五月天主唱阿信與其他樂團成員在演唱會後臺聊天打屁，這些都是即時線上語音直播 APPClubhouse 的魅力。

然而在短短一年不到的時間裡，Clubhouse 經歷了爆紅之後用戶數快速大跌的窘境。很難想像，在 2021 年 2 月，Clubhouse 的下載量達到了 960 萬次，4 月時卻驟降到了 92 萬次，降幅高達 90%。雖然在 2021 年 7 月 Clubhouse 捨棄了邀請制，但卻也沒有因而再創高峰。

爾後，Facebook、Slack、Spotify、Twitter 都快速推出了自己的語音直播功能，讓 Clubhouse 必須和傳統社群大頭們競爭，也讓它的經營陷入困境。這樣的被大品牌複製，把市場上成功的「產品」變成自家 APP「功能」的狀況，在迭代

更新速度非常外的社群產業裡屢見不鮮。

我們現在常見的短影音 TikTok（TikTok）、Snapchat 之前推出的限時動態功能，都被現有已經擁有穩定用戶數的平臺們「致敬」了。無論是Facebook還是Google，都快速的推出、複製市場上成功的產品，並取其精華功能加入到自己的產品，以確保用戶不會流失。

Clubhouse 的功能很簡單，它由一個個語音聊天室的社群組成，不支持影片或文字，也不支持錄音回放，每個聊天室最多可以容納 5000 人。

加入聊天室不需要主持人同意，點擊就可以加入，房間裡的所有人都可以「舉手發言」，主持人同意後就可以上麥聊天，類似傳統廣播的 call-in。

用戶們只能透過語音連線與彼此溝通，不能錄音與錄影，聽後即焚。這種聲音社交模式吸引了一大批因好奇而體驗的用戶，從科技大佬、商業領袖、明星到大批網路、創投、幣圈等領域人士都紛紛湧入。

寫到這裡，我沒有想要展開這些大公司之間產品的快意恩仇交鋒實錄，畢竟那些億來億去的市場估值離我們太遙遠。

我更想與各位分享，我是如何透過 Clubhouse 吸引新用戶，並從中變現超過 10 萬元。

簡單來說，我運用 Clubhouse 平臺自身的流量，做了關於自己的垂直整合，賺到一筆不錯的外快收入。獲得追蹤碼以後，我做了以下 4 個步驟：

1. 思考主題確定受眾和商業模式。
2. 自我介紹檔案的建立做課程導流。
3. 語音直播作為宣傳。
4. 延續內容做一對一的付費教學。

我思考主題、語音直播、運用 app 本身的自然流量，長時間直播，與人對話，分析對方的社群帳號，做社群健檢。

Clubhouse 本身有提供自我介紹的欄位，當中可以置入網址和連結，我置入了課程的網址。我分享的是「網紅靠什麼賺錢？」，並透過 Clubhouse 做了一個很完整的社群行銷漏斗。

透過這個分享，我的一堂課售價是 3000 元，一共有超過 30 位聽眾報名，這 30 位聽眾裡，又獲得了 3 個一對一教學的機會，每一個一對一教學的金額是 1.2 萬元，也就是說，我又從中獲得了 3.6 萬元左右的收入。

為什麼我能透過這個平臺快速的賺取收入？簡單來說，是因為平臺當時提供了流量，這裡就把導流、宣傳的工作省掉了。而我又透過精準的主題設定，得到了一批想透過網路和社群經營替自己賺錢的受眾。接下來我提出作品以及自己的觀點打動觀眾，從中找到願意付費的用戶。

這個經驗不是只能透過 Clubhouse 獲得，而是所有的社群平臺皆能如此。重要的是有沒有找到適合的平臺，並找到自己本身的核心價值，從中建立商業模式，讓自己的社群之路能夠走得更長更遠。

圖說：Clubhouse 社群漏斗的垂直整合

Podcast：下載量破百萬，但真的能賺錢嗎？

Podcast 並不是一個新服務，卻在疫情期間用戶大爆發，我在 2005 年左右就試著玩過，到現在線上廣播的模式也沒什麼改變，唯一的改變是，智慧型手機、平板普及後，聽眾可以透過不同的數位載具收聽，收聽的用戶也呈倍數成長。

這股風潮在 2020 年席捲臺灣，堪稱是 Podcast 元年。

創作者們從原本的素人，也開始有越來越多的知名人士、企業、宗教團體、學術單位投入 Podcast 產業，例如吳淡如的人生商學院、唐綺陽的唐陽雞酒屋，都是下載量數一數二的節目。

然而，創作到最後除了新鮮感、成就感之外，要維持持續更新的動力，則必須要有商業變現的機會。但多數的素人創作者們不會去思考這個問題，導致 Podcast 元年的一年後，許多 Podcaster 的節目都停止更新了。

根據《inside》的報導，臺灣的 Podcast 節目有 61％會在 1 到 10 集就停更，有 7.6％在 51-100 集停更、3％在 100-300 集停更，所以歸根究底，還是需要去思考整體節目定位以及商業化的可能。

如果你對錄製 Podcast 節目有興趣，首先需要找到代管平臺，大家熟知的收聽平臺如 Spotify、Apple Podcast、Google Podcast 等，沒有提供讓創作者上傳、儲存與發布的後臺。因此，創作者必須先找到代管平臺，申請帳號、上傳 mp3 音樂檔案，接著產生一組 RSS Feed，而這個長串的連結，就能讓你的 Podcast 節目在眾多播放平臺提供聽眾訂閱與收聽。

臺灣本土最大的兩個代管平臺，分別是 SoundOn 和 Firstory，兩者的功能大同小異，我自己選擇的是 SoundOn，主要是因為方案是免費的，目前它們提供了一條龍的服務，有很完整的節目託管、後臺系統、播放平臺、內容創作與廣告業務的服務，甚至目前的方案是終生免費的。如果你想要

圖說：SoundOn 首頁畫面

成為 Podcaster，在有限的能力、預算及知識下，可以直接去 SoundOn 上面做嘗試。

關於錄音的設備，需要購買專業的麥克風設備嗎？其實剛開始可以用智慧型手機的耳機麥克風進行嘗試，當你突破了 50 集的內容後，再來嘗試更專業的麥克風設備即可。

我目前使用的設備也不是專業的麥克風和錄音室，而是在家裡找個安靜的時段，用耳機的藍芽麥克風進行錄音。我個人認為內容才是重點，畢竟現在的智慧型手機越來越發達，用耳機的藍芽麥克風進行錄製，會隔離掉環境音，再用手機的剪輯 APP 進行降噪和轉檔即可。

平均來說，Podcast 聽眾多半是在通勤時間進行收聽，因此平均一集的長度建議落在 15 至 30 分鐘之間，讓聽眾更有被陪伴的感覺。

如果擔心一個人講的內容太過嚴肅冗長，那麼可以擬定簡單的訪談和問答，兩個人一搭一唱，就能讓整體的內容更為豐富。

除了內容規劃之外，Podcast 還有一個最大的問題在於宣傳，如果沒有自己的社群平臺，單純透過收聽平臺，如 Spotify、Apple Podcast、Google Podcast，這些平臺本身並沒有提供太多的行銷資源。

畢竟大者恆大，現在在排行榜上的前幾名，多半都是已經很成熟的 Podcast 製播團隊，他們本身就擁有足夠大的影響力，用自己的社群培養聽眾，讓更多人進行收聽。

一般素人也是用一樣的經營方式，透過經營自己的 Facebook、Instagram，又或者是 Facebook Podcast 的社團進行推廣。

唯一的差別在於，那些排行榜前幾名的 Podcast 節目，已經透過社群養出了屬於自己的聽眾，而素人經營者需要花費更多、更長的時間，才能累積聽眾。因此，Podcast 是否有賺錢的可能、獲利的能力，就是經營者是否能持續下去的重點了。

目前語音市場比較常見的作法是，訂閱、贊助、課程、廣告置入、團購分潤，當中大家比較好奇的可能會是團購，難道真的講幾句話就能讓消費者心甘情願的上網搜尋，然後去買產品嗎？那麼又要怎麼證明產品是 Podcaster 所帶來的呢？

到目前為止，我的 Podcast 下載量破百萬，但說真的並沒賺到錢，除了業配指定合作之外，本身透過 Podcast 導流賣產品所獲得的收益並不高。

這是因為下載量不等於收聽率，再加上我更新的頻率並不算高，也忽略了節目說明的欄位可以用超連結引流的功能。

無論是 Spotify、Apple Podcast 或 Google Podcast，這些節目平臺都能在節目說明中提供超連結，讓收聽節目的聽眾能夠透過節目的內容介紹欄位，點擊進去網頁，只要產生消費行為，就能得到分潤並得到收益。

Podcaster 也能將整集節目用比較生活、軟性的方式口播描述產品，讓聽眾產生購買的欲望和想像。能做到這樣的 Podcaster，在市場上屈指可數，畢竟他必須本身就擁有很強大的個人品牌和影響力，讓消費者產生信任感，光有知名度是不夠的，節目本身的流量也要夠高，才會有獲利的空間。

常見問題：Clubhouse 可以錄音上傳到 Podcast 嗎？

Clubhouse 在 2021 年 11 月推出了 Replays 的重播功能，這項功能可以讓「開房者」決定是否在房間進行「錄音」並留存於個人簡介，而開房者也能下載 MP3 檔案，並上傳到自己的 Podcast 平臺。

Replays 必須設定為「公開房」才能使用，當選擇公開房（OPEN）會出現是否開啟錄音功能的選項。「Club」的形式，必須用排程開房才能把 Replays 選項打開，假如沒排程就直接用 Club 開房，會變成鎖頭房狀態，就不會有 Replays 的功能了。

Replays 會錄製所有 Clubhouse 開房的畫面，包含主持人、參與對談的訪客、臺下觀眾、頁面上的連結，包含使用者換頭像、閃麥等所有的畫面都會被記錄下來。Replays 產生的影片會跟開房畫面一模一樣，誰上臺、誰講話、誰閃麥、誰換頭像等都被保留，聆聽過程中不但能點選頭像追蹤畫面中的人，還能按下小剪刀把錄製內容中的 30 秒分享出去。

如果不希望頭像出現在 Replays 畫面中，講者和聽眾需要找到重播檔，按右上角的功能表，選擇「Hide Me From The Audience（從觀眾席中隱藏）」，即可把自己的頭像與姓名從播放記錄檔中隱藏。

錄製後的內容，會在關閉房間後的幾分鐘出現在開房者 Moderator，與只有講到一定比例的 Speaker 個人介紹頁面最底下出現。錄音內容也可以透過 Clubhouse 內部搜尋機制讓其他人找到，所以標題關鍵字至關重要。這些錄音和歷史紀錄都是可以被刪除的，此時系統會寄一封信給開房者進行確認，刪除後其他與會講者的自我介紹列表也會在幾分鐘後消失，與會的講者也可以自行手動刪除個人介紹裡面的錄音紀錄。

錄音這件事是很敏感的，只有開房的人能夠決定在房間開啟時要不要錄音，也只有開房的人才能下載錄音後的檔案，其他的主持人、講者或臺下聽眾，都不能透過 Replays 錄音。

如果你是 Clubhouse 的聽眾，想知道房間是否有在錄音，可以在進入房間後，檢視上方的一排小字，如果出現「Replays on」代表錄音功能有開啟，若出現「Replays off」則表示關閉錄音。

錄音後的檔案只有開房者才能下載 MP3 檔，未來可以自行剪輯或上傳到 Podcast 平臺。在 Clubhouse 上面用 Replays 錄音，相較於 Podcast，可以看到畫面與聲音，畫面中會看到誰在講話。

如果是用 Clubhouse 播放，還能點入畫面的人像，直接跳下一位講者，這點是 Podcast 所做不到的。

然而，開房者所下載的 ReplaysMP4 檔案，也只有聲音檔並沒有畫面。有時候由於檔案過大，往往會出現開啟 Replays 錄音，卻沒有出現在個人簡介最下方的歷史紀錄的狀況。一方面是主機需要處理的時間，另外一個可能是公開房且 Replays on 卻沒人講話，因此系統就不會留存時間太短的檔案。

Clubhouse 的 Replays 功能，大幅增加使用者的方便性，讓更多的使用者能夠把語音直播的內容再運用，增加內容擴散的機會，相較於 Podcast 會更容易讓聽眾有參與感，讓節目內容更豐富有趣。

YouTube：新頻道該怎麼設定具有長期吸引力的主題？

當我們經營新平臺時，通常會思考是否要發布不同的內容，然而一旦要製作新的內容，又需要更多的時間精力，還不一定會有成效。

以前從 Facebook 到 Instagram 的圖文轉換，就已經需要一定的時間成本了，若是要跨入 YouTube，那麼製作影音的時間、金錢成本遠比想像中的高，做了以後有成績也就罷了，最怕的是做了以後沒人看，那麼不僅僅是熱情受到打擊，更討厭的是瞎忙一場，浪費了自己寶貴的時間。

YouTube 現在已經成為兵家必爭之地，而我在踏入這個領域時，完全沒有使用冒牌生自身的流量和廣告，並且冒牌生也不露臉，而是請兩位新主持人，企劃全新的頻道節目內容。如此不但在一年的時間內累積了 3.5 萬的用戶，並且累積了 150 人左右的付費用戶，以每個月 300 元的模式贊助頻道，讓頻道得以持續經營下去。

我是用 5 大重點做出 YouTube 節目企劃的：

1. 訂閱用戶來源。

2. 更新頻率。

3. 內容時效性。

4. 從自己受歡迎的文字主題開始。

5. 同類型創作者的內容差異。

1. 訂閱用戶來源

當我們要決定進入一個新平臺或跨入一個新領域的時候，要先問自己在新的平臺你粉絲來自哪裡，是需要你自己導流，還是在新的平臺重新累積陌生的用戶？

如果是自己導流過來，那就要注意主題的重複性，畢竟他已經能從一個平臺看到你的內容，那麼他為什麼要在另一個平臺接受你的資訊呢？

很多內容創作者會陷入上述的迷思，但實際上，絕大多數的粉絲沒有你想像中的了解你、愛你，追蹤你的每一件事。因此，我會建議初期可以從自己的平臺做引流，累積基本盤後，必須要運用該平臺本身的演算法，吸引更多陌生用戶的進駐，擴大自身影響力。

2. 未來的更新頻率為何？

一般來說，平臺總會給新帳號比較好的觸及和曝光，因此我們必須把握這段期間的流量蜜月期，剛開始的時候，可以以較高的更新頻率觸及陌生用戶。

我曾與數個 MCN 機構的負責人聊過，他們提供網紅孵化器的服務，幫助有潛力的網紅運營各大平臺。舉例來說，你在 YouTube 更新的影片，他們會協助你更新到 TikTok、B 站、西瓜視頻等不同的影片網站，並運用旗下大網紅帶小網紅的合作模式，協助你的內容獲得更廣大的觸及率。

各大 MCN 機構負責人他們也都觀察到，無論是中國和海外的影音平臺，新帳號的觸及和曝光機會是最高的，因此初期必須比較頻繁的更新，例如一週三更的頻率來把流量衝起來。

這對於本來就有在舊平臺累積內容的網紅來說，不是什麼大問題，拿舊的影片發布即可，但是對於完全新創、沒經驗的網紅來說，就會有比較大的壓力。因此，如果你是自媒體新人、網紅新手，想要透過 YouTube 找到更多的訂閱用戶，卻又不知道從何開始，請留意以下三個重點。

1. 內容時效性

YouTube 會紅的主題需要禁得起時間考驗，有些時事議題雖然討論度高，但更新迭代的速度太快，在沒有每天更新的頻率下，很難達到曝光的效果。舉例來說，股票財經類型的內容，如果做的是單支股票的漲跌分析，影片的壽命太短，就很難讓議題持續發酵。除非有每日更新的覺悟，不然我會建議採取具有長期價值的議題，會比較容易獲得用戶。

請思考下面的兩種議題的差異。

- **主題方向一**：2022 年 6 月的股災，長榮航的股票還值得買進嗎？
- **主題方向二**：股票 K 線怎麼看，三大重點讓你不再被割韭菜！

你認為哪一個主題比較適合作為 YouTube 的主題呢？經營 YouTube 需要有策略，要抓的是族群，而不是講趨勢。

試想主題方向一在 3 個月、6 個月以後，大家還有觀看的意願嗎？所以，我們必須要找持續會被搜尋和吸客的議題，才能讓影片擁有長期瀏覽的價值。

再拿投資理財的講師來做範例，可以先針對自身的客群去思考，他們會想了解什麼比較精專的問題？

例如第二個主題「投資 K 線怎麼看？」本身可以是一部十分鐘左右的免費影片，而那些會搜尋投資 K 線怎麼看的人，或許就會對進階的付費課程感興趣，也讓影片在 YouTube 上具有長期導流的能力。

2. 從自己受歡迎的文字主題開始

如果你曾寫過部落格、Facebook 文章或 Instagram 的內容，可以從後臺的數據中了解哪一種內容更容易產生互動。我常透過自己在其他社群平臺的內容做為 YouTube 影片的腳本，讓影片內容更容易引起共鳴。

這個時候別忘了，再度整理和深化當初在其他社群平臺的討論主題，並且整合網友的討論內容，讓你的 YouTube 影片可以呈現更多元的觀點。

3. 同類型創作者的內容差異

當我在進行 YouTube 主題設定時，我會透過關鍵字查詢影片內容，觀察其他影片創作者所發布的內容。舉例來說，當想發布一部關於愛情觀點的影片時，大多數的 YouTuber 所講的主題是什麼？哪一種類型的主題和封面照片會讓你想要點擊？

我會模仿吸引我的封面照片，並照類似的排版進行製作。影片主題的設定上，我不一定會去模仿類似的主流觀點，必須走出差異化，並且設定出前五部影片的企劃和方向。

這五部影片企劃的方向如下：

第一集：針對受眾，分享受眾最喜歡的內容。

第二集：針對受眾，分享受眾最常問的內容。

第三集：針對廠商，分享最有機會得到業配的，進行單個產品深度分析。

第四集：針對廠商，分享最有機會得到業配的多個產品，進行橫向比較。

第五集：針對受眾，延伸受眾最喜歡或最常問的主題。

這樣的作法可以在規劃主題時做出第二層的觀察，針對受眾的部分，到底有沒有打到受眾的痛點，未來規劃主題時可以再做延伸；針對廠商的部分，未來的影片內容可以作為讓廠商參考的範本。

經營 YouTube 時，很多人往往會拍好一部影片就上傳，然後對於第二部影片的上片時間沒有好好把握，但經營 YouTube 的前期，頻道紅利是最高的，演算法會透過學習，給出相對應的曝光和內容，因此先把前面的五部影片存檔做好，定期上傳，避免浪費掉 YouTube 演算法主動推薦內容的蜜月期！

第五章

社群變現技巧

<

如何找業配

商業代言洽談技巧

留言邀約技巧

……

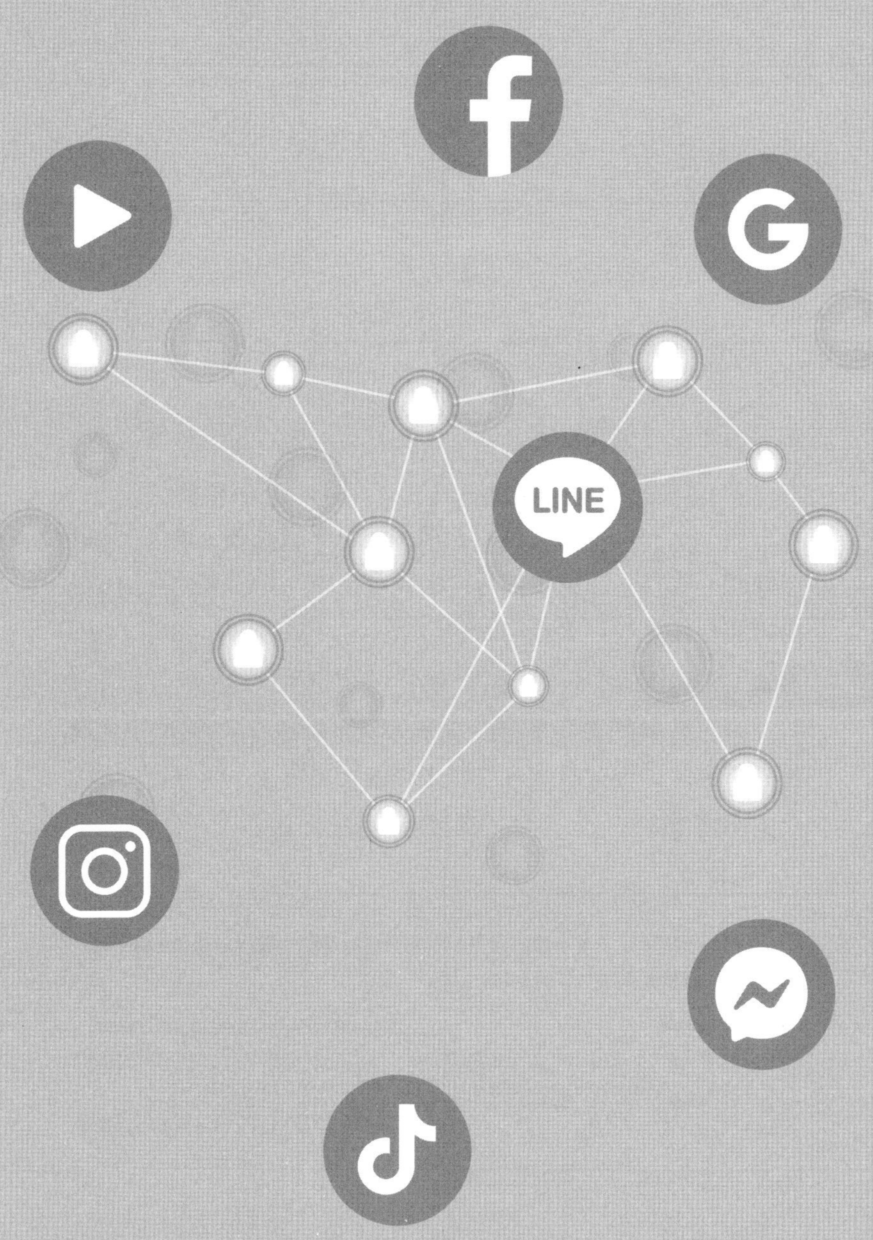
LINE

如何找業配

經營社群最後的目的，該思考如何把社群變現，但是該如何變現，這也是很多人一直想了解的問題。業配是其中一個方法，但是要怎麼變現呢？首先不能守株待兔，若是只等著別人找，除非你很有名氣，不然網海茫茫，很容易就會被遺忘。

現在在 Facebook 裡有非常多的自媒體社團，這些不同的自媒體社團都有廠商跟部落客的媒合機會，所以我們可以搜尋**自媒體合作邀約平臺**或**自媒體發案中心**，只要你是網紅、部落客或 YouTuber，都可以加入。

很多時候的業配是產品交換，而並未付費，透過 FB 社團發案平臺，可以幫我們進行初步的篩選和過濾，挑選自己想要的廠商獲得收入。

加入社團

例如：部落客接案幫、自媒體合作邀約平台、部落客發案事務所、網紅部落客發案接案交流平台等等...

圖說：Facebook 自媒體發案社團參考

常見問題：要多少粉絲才能接業配？

你不一定要很多粉絲就可以接業配了，現在是一個微網紅興起的時代，不必有上萬或十幾萬粉絲就能接到業配。

在 Facebook 上的接案媒合平臺，會需要填寫一些資料表，只要把你部落格資料、帳號的名稱填寫進去之後，就可以透過這些平臺找到業配。

加入社團要填的資料，跟你在報業配要填的資料是不一樣的。在加入社團的時候，它通常會問你，你是部落客還是廠商？如果是部落客或是網紅，會需要再細緻詳述比較擅長的是哪一個平臺，是 YouTube、Instagram、FB 粉絲專頁，還是部落格？這些不同的平臺都有不同的價碼，最低的基本價就是一篇 1000 元。

如果是廠商想要找部落客，或是想要找網紅幫忙做宣傳，也可以透過 Facebook 的社團發案平臺輸入產品相關資料，直接留一個 Google 表單，請網紅們填寫資料。這樣可以快速的協助廠商自行架構部落客和網紅的名單，找到對產品有興趣以及適合的網紅。

一般來說，廠商們比較常見的做法，會要求部落格的日流量約在 5000 左右，有符合相關條件的部落客，就可以透過 FB 社團的接案平臺報名。

雙方透過接案平臺彼此媒合，許多的餐廳業者也會透過上述的平臺尋找網紅進行業配，網紅們可以與適合的人約餐廳的吃飯時間，提供照片素材，讓餐廳業者的內容有更多機會被曝光。

商業代言洽談技巧

合作的費用、稿酬到底怎麼算，這真的還滿重要的，我的做法是會先要求以下的資訊：

1. 廠商產品資訊。
2. 過去合作對象發過的類似內容。
3. 發文檔期。
4. 審稿時間。
5. 審核次數。

上述的五大重點裡，最容易忽略的是「**審核次數**」。

如果沒有設這個上限的話，這個合作可能會在後續的調整中寫到瘋掉，不斷的寫一次改一次，一來一回就浪費了雙方不少時間。所以我這個過來人的建議是，一定要設定網紅、部落客們能接受的審稿次數，目的是讓廠商知道，不能無限制修改，如果超過修改次數，需要另外報價。

發文規格也很重要，需要多少篇、一篇需要多少文字、幾張照片，以及會在哪個平臺曝光這則發文、需不需要拍攝小影片，小影片的秒數大概多長⋯⋯？雖然這些資訊有些瑣碎，但是一定要在事先釐清。

部落客、網紅最好可以擁有不同的平臺，當同時擁有

Instagram、Facebook 和部落格這三個平臺時，平臺分別代表的面向不一樣，那麼就可以多重的報價，讓廠商挑選符合他們需要的平臺。

例如廠商現在需要你在部落格發文，他要求 500 字內文、10 張照片，你也給出了一個價格，但如果要同樣的發在 Instagram，就可以另外再報一個價格，多重的平臺可以幫助部落客和網紅收取不同的費用。

再來，網紅們需要有基本的稅務概念，報價是否含稅是很重要的，一般來說，個人所得稅會涵蓋在報價裡面，但公司開發票的 5%營業稅會另外開，這些都是業配前需要和廠商釐清的細項內容。

當網紅的案子多了以後，還是需要評估廠商邀約是否適合。像是我有一位美妝部落客朋友，她經常會收到美妝的相關業配，有一次接到一個跟床相關的主題業配邀約，我也有收到邀約，對方在跟我們報價的時候，開給我們的價錢是三萬元一篇貼文，發在我們的 Instagram、Facebook 和部落格三個平臺。

我提供給他們的發文規格是部落格一篇 1000 字加 10 張照片，Instagram 是 300-500 字加 10 張照片，而 Facebook 是分享部落格的連結。

在廠商內部討論後，我確定沒有接到這個合作，但我美妝部落客的朋友，因為形象比較符合他們的需求，所以接到了這個床的業配合作，他們談的也是三個平臺的組合，加上提供給他們投放廣告，報價是落在 3 到 5 萬元。

每一個部落客或網紅，都會有自己適合的主題，事後大約一個禮拜後，我又收到臺北市政府某單位的邀約，這個單位希望我推薦他們網站裡面的內容，主要是幫助社會新鮮人朋友找工作或者檢核履歷表，因為他們覺得我的形象很符合這個主題。

他們的合作內容是撰寫部落格文章三篇，跟床的業配不同的是，這次的合作內容是需要我去採訪一名即將畢業的女大生，詢問她是如何在實習的時候找到自己夢想工作，而這個合作邀約報價是 5 萬元左右。

所以在洽談合作時，大家還是要先釐清一件事情：不同的人、不同的網紅、不同的調性，都會有屬於自己的不同內容。

身為部落客、網紅一定要把握住一個原則，就是這個產品最好是自己有認同感的，而不是你自己可能也不知道為什麼要做的。

除了你有認同的、你試用過的之外，你可以透過廠商過去合作的範例了解更多的資訊。因為你絕對不會是他第一個合作的對象，先去看過往的範例，有助於了解廠商想呈現的模式與樣貌，是不是網紅和部落客能接受的。

例如有些飯店業者，會希望網紅在游泳池拍泳裝戲水的照片，但網紅們不見得能接受泳裝的尺度，那就可以透過對方事先提供的照片和過去合作模式的內容先行了解，而不是拿了人家的錢才說，避免事後產生更多的問題。

還有一些比較高單價的產品，例如精品包、電腦……等，這個需要看個別廠商的作業流程和模式，有些廠商會把商品送給你，但有些廠商會需要你試用以後歸還，這些都是在提供正式報價之前所需要做的評估。

常見問題：廣告主權限可不可以開，要注意什麼？

廣告主權限是一個新興的問題，由於 Facebook、Instagram 的系統日益成熟，網紅、部落客可以提供廠商「廣告主權限」，讓廠商們針對特定的貼文進行廣告投放。

優點是廠商可以自行選擇是否用廣告預算加碼，讓網紅的商業貼文被更多人看到，以吸引商品買氣。

然而身為部落客和網紅，更需要考慮到廠商會不會亂下廣告，畢竟廣告主權限打開後，廠商可以幫網紅的貼文下廣告，也有可能會打壞網紅原本的粉絲架構。

表面上廠商會告訴網紅們：「這很好啊！我們是在幫你增加你的平臺曝光，還可以增加你的粉絲，這樣有什麼不好？」

可是有些網紅會有自己想要吸引的族群，舉例來說，如果今天這個廣告我不想要吸引到酸民，或是常常使用 PTT 的人，但是廠商可能想要吸引這批人，這樣子就會產生落差，也可能導致透過廣告曝光給網紅不想吸引的人群後，變成減分的效果。

那麼，廣告主權限的價格到底怎麼算呢？

這可以依照開設的時間來決定，廠商需要的是兩個禮拜、一個月還是三個月，部落客可以依照不同的時間點給予報價。

對我來說，通常是時間越長價格會越高，主要的原因是時間越長，影響粉絲結構的機會就越大。平均的報價金額是 2 週的廣告主權限是 5000 元左右。

接下來可能還會遇到的一個狀況是，你所拍攝的素材是否可以提供給官方使用？

意思是網紅所拍好的素材，是否可以提供給廠商在任何地方使用，畢竟當網紅的名氣越大，廠商就會希望可以讓更多人知道雙方的合作關係，取得更高的顧客認同感，那麼網紅所拍攝的素材不一定會用在 Facebook 或 Instagram，也有可能把它印成一張很大張的海報，放在戶外看板或捷運燈箱等位置。

尤其是醫美廠商更喜歡做類似的操作，若沒有經驗的網紅，可能就會傻傻的答應，到後來才發現自己很多的權限一下子就沒有了。

例如網路紅人雞排妹，就曾經發生過十多年前與醫美廠商的合作，明明只是提供一張 Facebook 或 Instagram 的照片，但這張照片卻被放在車站、捷運站，並且使用了很久的時間。最後雞排妹為了維權這件事，還上了法院對簿公堂。

因此建議網紅和廠商們在討論官方使用權限的時候，最好都可以確認範圍和時間。

基本上，官方使用範圍限於網路，若要使用在實體的通路上，需要另外談合作授權，並請廠商提供過去的合作案例做為參考，避免未來產生更多爭議。

留言邀約技巧

社群變現的技巧裡，有一個相當重要但卻容易被忽略的問題，就是如何邀約業配，廠商要怎麼樣運用留言的方式去邀約網紅，以及邀約和異業合作的文案該怎麼寫？

原本這個問題我自己剛開始經營的時候，也沒有把它當作一回事，我總覺得邀約不就是寫信給人家，詢問對方可不可以過來不就好了？但是等到經營一陣子後，才發現好像不是這麼簡單的事。

確實是有一些特殊的邀約和文案作法，比較容易讓消費者、網紅願意互動，甚至願意免費提供素材使用，這個部分又該怎麼做呢？

留言邀約有兩個注意事項，首先，我要先提醒大家，不要立刻私訊人家，最好先做點功課，了解一下網紅的相關作品，不然絕對會把對方嚇跑。

第二，請不要越級挑戰。如果身為廠商只有 1000 到 2000 個追蹤數，卻越級邀約一個 10 萬、20 萬的網紅，人家不理你這是很正常的事情，我們可以先試著與追蹤人數差不多等級的人做互動，等到人數提升之後，再去找相對應的網紅進行合作，成果會更好。

此外，身為廠商和預算有限的店家，可能只有五、六百個粉絲，甚至是沒有粉絲，如果想要邀約的是一個有十萬人追蹤的網紅，要怎麼做比較好呢？

我建議在一開始的時候，先不要直接留言給他，可以先採取在網紅的公開貼文留言，並提出一些稱讚。

例如：「哇！我覺得你這照片拍得真好。」

「唉唷！你拍的照片看起來都好好吃喔！」

多留言幾次後，網紅自然會對你的留言和名稱產生印象。

畢竟不是每個網紅都有一大堆的留言，你的留言頻率越高，他會對你的印象比較深刻，這是很正常的事情。

接下來私訊網紅的時候，請先自我介紹，並提供下列的資訊：

1. **我們是誰。**
2. **我們在哪裡。**
3. **我們可以提供的東西是什麼？**
4. **我們想要交換或配合的事項是什麼？**
5. **預計的合作時間。**

自我介紹後，免不了還要記得再讚美一次網紅，符合你們的風格和期待。

你可能會覺得人生很累對不對，但是一直讚美就是提升成功率的一個技巧，這也是避免不了的。

舉例來說，可以這麼留言：「我們是一個手錶品牌，覺得您的照片素材很適合我們品牌的風格，這次在 101 旗艦店有一個新店開幕的活動，希望你可以攜帶一位朋友前來參加活動，將會提供品牌的小禮物給您。」

再來，就是要提供明確的時間地點，他才能夠在看到這個留言之後，回覆要不要去做這件事情。

例如，我有一個學生在三峽北大附近開一間餐廳，他問我要怎麼樣邀約其他的學生意見領袖，到他們的餐廳吃飯，我就依照上面的說法，跟他制定了一套留言如下：

你好，我們是在三峽北大附近的 xxx 餐廳，因為在滑 Instagram 的時間發現你的照片很漂亮，想說有機會的話，可以邀請你來我們這邊用餐，請你吃哈根達斯。

一開始我們先說明我們在哪裡、我們是誰，接下來讚美他覺得他的照片很漂亮，第三句我們就要明確說出我們的來意，希望對方可以來我們這邊用餐，最後就要跟他說，來的話我們就可以請他吃哈根達斯喔！

在這整段的留言裡面，是沒有廢話的，很直接告訴對方我們需要什麼，我們因為覺得你很棒，所以我們想要邀請你來我們這邊做什麼事，你會得到什麼樣子的回饋，這樣子的留言一般來說，是比較容易得到這些網紅的同意的。

常見問題：對方回覆邀約後，我應該怎麼回應？

當廠商的邀約引起網紅的興趣後，接下來會有更深入的對話，網紅會詢問的大概是時間、地點、有沒有費用。

其實廠商在邀約前，應該要先思考你願意給這個網紅多少錢做一篇貼文的業配，還有他可以帶多少人來體驗活動。

我曾遇過一些餐廳業者告訴我，他沒有跟網紅講可以帶多少人來吃，結果對方一口氣帶了十個人過去，但是業者只有準備兩個人的餐點。

所以在邀約前，就要先把用餐的人數、品牌可以提供的小禮物還有稿酬都先想清楚，甚至你希望他可以曝光的平臺是哪裡，除了 Instagram 之外，Facebook 和部落格能不能發？可以疊加上去，因為這些平臺對他來說，並不是額外去做，而是可以一起做的事情。

留言邀約沒有那麼難，廠商們還是要臉皮厚一點，不要害怕被拒絕而不敢開口，也不要只是為了一個網紅浪費太多時間在等待回覆上，一次要問個 5 到 10 個，甚至需要更大的曝光量時，會找到 50 到 100 個人，問得越多，成功回覆的機率越大，品牌帳號也就越容易被看見。

如何增加影響力和被業主看到的機會

當我們渴望被更多人看見，卻又想維持原本的發文頻率時，我建議可以運用廣告來增加曝光度，這裡的廣告不是指蝦皮、淘寶上面的假粉絲賣家，而是 Facebook、Instagram 官方的廣告系統提供的購買管道。

圖說：主動針對商家買廣告示意圖

這是一門很深的學問，很多人會花費許多冤枉錢，我希望透過這篇文章讓大家可以對廣告有基礎的了解，少走一些冤枉路。

廣告要怎麼買、怎麼呈現，這之間又有什麼差別呢？讓我們先從「用電腦買 Instagram 廣告，跟直接在 Instagram 上面買，差別在哪？」開始說起。

用電腦買 Instagram 的廣告，與直接在 Instagram 上面買的差異是，用電腦買廣告時，是透過 Facebook 的廣告管理

圖說：加強推廣現有的貼文

員，廣告是增加新貼文的模式，而不是從原本已經發布的貼文增加曝光率。

一般來說，Instagram 的經營者通常是發好了貼文後，再用手機直接針對貼文買贊助，因此按讚數是針對該則貼文直接疊加上去的。可是如果透過電腦買廣告，Instagram 的系統預設值是直接另開新貼文，貼文的讚不會疊加到原本貼文，而是從零開始累積。

這會讓信賴度和廣告鋪排的時間有很大的差別。觀眾有時候是盲從的，他們若是看到原本的貼文有很多的讚，新增按讚的機率可能會比較高；但若是從電腦買廣告，系統自動設置從新的貼文從零開始，廣告的預熱時間就勢必要拉長一點。

圖說：加強推廣新建立的廣告貼文

常見問題：廣告管理員要從哪裡進入呢？

從 Facebook 進入的時候，捷徑的位置通常會在 Facebook 畫面的左邊「探索」下方，就能找到「廣告管理員」的連結。對於沒有買過廣告的讀者，貼文右側也會有個贊助刊登廣告，或者是加強推廣貼文的位置。廣告管理員會呈現一個綜合畫面，我們可以從中看到行銷活動、出價策略、預算還有成本，這些東西你先自己慢慢去摸索。

圖說：Facebook 廣告管理員入口示意圖

建立 Facebook 廣告該了解的一些術語

建立廣告：按了「建立」後，畫面會出現有流量、有互動，會有發送訊息、開發潛在客戶……等不同的主題，那麼到底要怎麼選擇呢？

流量和互動，差別在哪裡？

「流量」是鎖定的一群喜歡的人，所以如果有官網、Google 表單或者其他的頁面要廣告受眾填寫，那就可以選擇流量。

「互動」是喜歡留在 Facebook 裡面的受眾，所以說受眾會傾向按讚、留言、分享，只屬於互動類型的。

圖說：流量 VS 互動廣告管理員示意圖

常見問題：如果想要讀者去追蹤 Instagram 頁面，該選擇流量還是互動？

Instagram 雖然是 Facebook 旗下的產品，但卻屬於另外的頁面，這時候可以選擇「流量」，Instagram 的網址位置是屬於外站網頁，會需要讀者點擊過去後按追蹤，所以應該選擇流量型廣告。

選擇流量後往下滑的畫面，會看到兩個說明：

1. 建立 A/B 測試。
2. 高效速成行銷活動預算。

A/B 測試是什麼？

建立「A/B 測試」的意思是，我們可以設定一筆固定的金額，針對的廣告創意、廣告版位、廣告受眾做測試，用小額的錢尋找到性價比最高的受眾。

A/B 測試適合預算較高的廣告投放形式，例如遊戲公司會希望可以做投放測試，老闆可能會詢問行銷專員：「我怎麼知道今天給你 30 萬元，然後你跟我說臺北的比高雄的來得貴？」

行銷專員就可以運用 A/B 測試，先試試看用 5000 元，分別投給臺北跟高雄的地區，用一樣的素材測試效果。提供一個佐證，找出 CP 值最高的廣告受眾，為接下來的廣告投放做準備。

舉例來說，若是臺北的效果比較好，那麼針對這次大額的廣告預算，就可以針對臺北的受眾做比較高金額的投放。

高效速成行銷活動預算是什麼？

我們可以直接透過「高效速成行銷活動預算」來投放廣告。切記，每組廣告素材至少每天要 300 元才會有效果。如果廣告素材用七天卻只下 300 元廣告，那麼廣告是絕對不會有效果的，只是在打水漂而已。

一天 300 元的廣告預算是經過 Facebook 測試的，他們發現這個預算可以讓廣告維持在一個穩定的曝光程度。

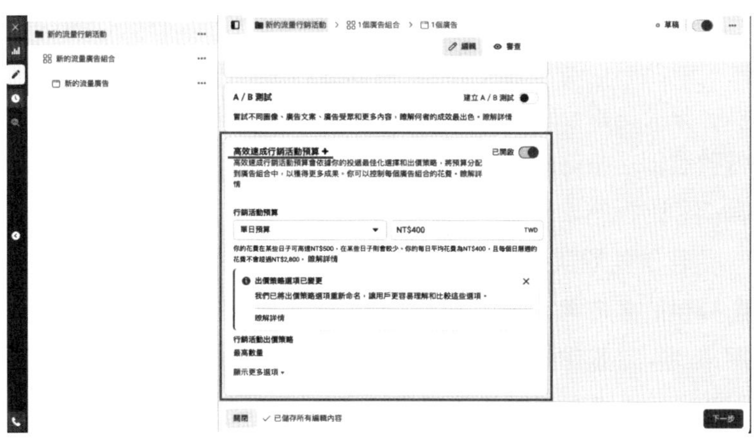

圖說：高效速成行銷活動預算

五

社群變現技巧

如同上述的內容，「粉絲按讚」是被動的，所以 300 元丟出去了，如果按讚成本是 10 元一個讚，一天最多會得到 30 個讚，但若把 300 元拉長到七天，同樣也是會獲得 30 個讚。可是三十除以七，平均一天只有增加 4、5 個讚，在每天觀察成效時就會覺得沒有效果，畢竟每天增加的人數實在是太少了。

接下來，可以選用流量廣告，選擇網站，置入你自己的 Instagram 網址。

廣告受眾是什麼意思？

廣告受眾是指廣告主在投放廣告的時候，可以選擇適合的觀眾類型，無論是地點、年齡、性別、興趣、行為等相關的條件，去找自己想要的對象。

你認為誰會最喜歡看你的內容？例如，如果是一名在臺南做美食部落格的網紅，那麼在地點的選擇上，就可以選擇住在臺南和附近的人。

若是美髮業者，在選擇年齡層及性別時，就可以依自己所提供的廣告素材照片，針對類似的性別和年齡去做選擇。簡單來說，就是你的照片素材是男生就選男生，素材是女生就選女生，因為在美髮業，用男生的素材去打女生的廣告，是沒有效果的。

另外，當廠商在尋找網紅做推薦行銷時，也可以請網紅提供粉絲受眾的相關數據輪廓，針對地點、年齡、性別等，來做一個初步的判定標準。

我有個美髮業者的學生曾經問過，他找了一名面容姣好、

廣告受眾
設定你的廣告對象。 瞭解詳情

建立新的廣告受眾 使用儲備廣告受眾 ▾

自訂廣告受眾 建立新受眾 ▾

搜尋現有的廣告受眾

排除

地點

地點：
- 台灣

年齡

18 - 65+

性別

所有性別

詳細目標設定

所有人口統計資料、興趣和行為

Advantage Detailed Targeting：✦
- 關閉

圖說：廣告受眾示意圖

身材一流的女網紅做廣告，但卻完全沒有效果。我提醒他了解該名網紅的粉絲輪廓受眾，他才明白到，原來那位網紅的粉絲絕大多數都是男性，因此對他的廣告投放成效就會有很大的影響了。

廣告受眾的「興趣」跟「行為」差別在哪？

廣告受眾中有三大分類，分別是「人口統計」、「興趣」、「行為」。

人口統計主要會有受眾的學歷、財務、生活要事、家長、感情狀況和工作經歷等，其中最容易讓大家搞不懂的，是「興趣」跟「行為」的差別。

「興趣」是你感興趣的東西，可是興趣會隨著不同的時間、地點、年齡而有所改變，所以興趣不見得適合用在很多人身上，也不見得是一個很精準的選項。然而它卻是目前

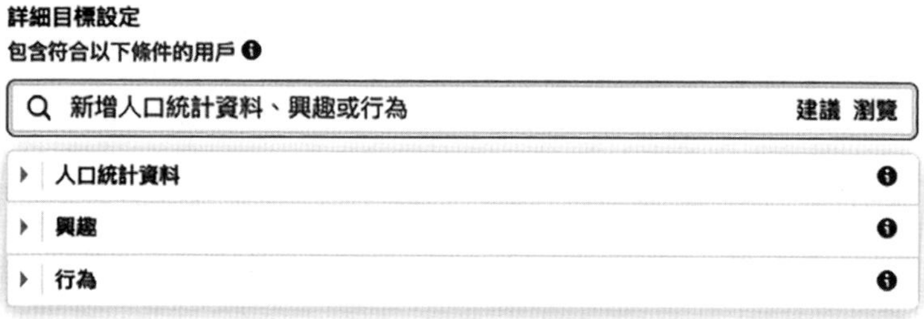

詳細目標設定
包含符合以下條件的用戶
新增人口統計資料、興趣或行為 建議 瀏覽
人口統計資料
興趣
行為

圖說：人口統計、興趣、行為，受眾的重點選項

Facebook 最引以為傲的事情，因為他可以知道很多人為什麼按讚，為什麼留言分享，所以興趣還是有一定程度的參考價值。可是真的要談到實際轉換，就不一定符合你的需求了。

「行為」會有不同，比如說它是行動裝置管理員、喜歡旅行的人，例如旅行這個選項，會出現在「興趣」和「行為」兩個位置。如果是旅行社業者，受眾要選擇的是興趣還是行為呢？這時候就應該選擇對旅行有「行為」的人，因為他們是有行動能力的。如果是媒體公司，你想要做的事情是曝光內容或吃喝玩樂相關影片，就會需要「興趣」，因為不一定對於旅行這件事情有執行能力，可是卻可以吸引想看的人。

所以選擇興趣和行為的時候，就要釐清你的使用者邏輯是什麼。

另外一個很重要的點是，很多美髮業者在選擇受眾時，總會選擇像是「臺北美髮」、「高雄美髮」，但這些鎖定的很多時候都是競爭對手，是自己的同行，那是沒有意義的。因此如果是美髮師，在設定這個行銷選項的時候，詳細目標設定我會建議在地點做些調整。

地點是一個大家常常忽略的選項，這個選項可以調整得相當細節，首先選擇臺灣之後，你可以選擇忠孝東路幾段幾號的方圓幾公里內。

如果你是在南部或中部，附近沒有太多知名地標時，可以選擇附近學校、郵局、銀行、夜市等人潮聚集地。例如臺南可以打成功大學，打完之後它會在這個地方抓出成功大學校區方圓五公里的人，會比打一大堆對美髮有興趣的人效果來得好很多。因為這些人是真的在這個地方生活的人，而不是你的同行。接下來建議儲存受眾，讓我們未來可以在不同的位置把對應的人找出來。

廣告版位要怎麼選？

版位的建議是選擇「高效速成版位」，因為我們已經用這個廣告在告訴 Facebook 和 Instagram 的系統，自動找尋最適合的版位。

如果選擇手動版位，只要求廣告出現在某個特定位置，例如 Instagram，這會造成 Facebook 認為你只想要 Instagram

版位　瞭解詳情

高效速成版位（建議）
使用高效速成版位來充分運用預算，向更多用戶顯示廣告。Facebook 的投遞系統會根據最有可能獲得出色成效的位置，將廣告組合預算分配給多個版位。

手動版位
手動選擇廣告顯示位置。選擇越多版位，越有機會觸及目標受眾並達成業務目標。

顯示更多選項

圖說：高效速成版位示意圖

的版位，但由於 Facebook 的系統會自動跑廣告，系統會自動回饋廣告系統在哪個版位跑出來的效果最好，絕大多數跑出來效果最好的版位，都是在手機動態，而不是你所想特定選擇的位置，因此建議在版位的選擇上，直接選擇用自動版位效果會是最好的。

然後，下面也會有自動化跟花費控制選項，這個地方在選擇的時候，不要去理它也不要去動它。唯一可能會有差的會是廣告排程，廣告設定時，可以設定好一個開始和結束的日期，比較謹慎的廣告主，若是擔心設定錯誤下錯廣告，讓廣告費用永久一直跑，可以在這邊設定一個結束日期，到那個日期之後就不會被它扣款了。

這個部分你可以自己做選擇，基本上我都是選擇持續刊登，因為廣告它是需要學習時間的，只讓它跑個一、兩天，是沒什麼效果的，至少要讓它跑一個禮拜，效果才會逐步出現。

在 Instagram 下廣告要用輪播、單張還是精選？

其實，最重要的是要先去 Instagram 的洞察報告頁面裡，在貼文頁面中尋找「**互動率最好的素材**」，並直接把它變成單張照片的選項。

文字的填寫一定要越簡單越好，你喜歡什麼、主要在分享什麼、希望能夠找到同好，同時附上你的 Instagram 網址，再反覆進行測試。

在這裡可以按「通知」，傳送通知到 Facebook，先在手機上面看看畫面的呈現如何。標題文字可以寫「歡迎追蹤我的 IG」，說明也可以由你自己填寫，像是「現在已經有一千個人按讚囉！」之類的說明。

網址的部分要輸入你的 Instagram 網址，選擇想要用「瞭解詳情」還是「查看更多」都可以，即便沒按鈕也沒關係，這個不會是影響到你廣告成效的關鍵。

如果以上廣告設定都沒問題，就可以按下「確認廣告」了。

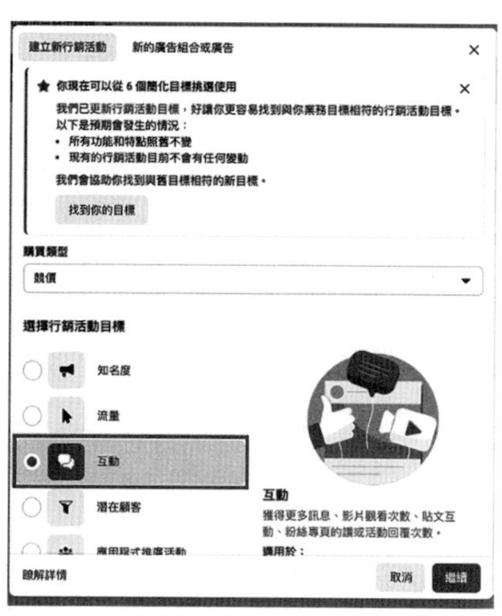

圖說：互動廣告示意圖

確認廣告後，大概在第 1、2 天就會顯現出學習的狀態，在這個狀態裡面，你要去觀察多少錢會增加一個粉絲，可是透過這個方式，其實它能幫助你的是增加你的 Instagram 粉絲的按讚數，不過因為它跟 Facebook 是沒有連動的，所以到底有沒有人因為廣告連結過去按，這個結果是我們無法知道的。

因此，我再推薦另外一個做法，可以幫助你同時增加 Instagram 人數及 FB 粉絲專頁人數，這需要先回到廣告管理員一開始的頁面，一樣先按「**建立**」，但這一次要選擇的是「**互動**」。

這一次要做的重點是增加粉絲專頁的讚，按了增加粉專的讚之後，預算大概設定在一天 300 元就可以了。

接下來的做法都跟上述一樣，你可以用同樣的設定方式，接著在使用儲備廣告受眾裡面，叫出來你剛剛已經存好的這個受眾，接著按下「繼續」，它會要求你放一張照片，同樣的，我們選擇效果最好的素材，最後附上你的 Instagram 網址。你可以有個讚的符號，這個讚的符號代表什麼意思？它按下這個讚的這個瞬間，就等於幫你的粉專按了讚。

所以既可以增加粉專的讚，又可以透過這個網址讓大家點擊連到你的 Instagram，看你的 Instagram 的內容，這個方式可以幫助你同時增加 Instagram 和 Facebook 的粉絲。

可以直接在 Instagram 裡面買粉絲或追蹤嗎？

Instagram 是沒有開放直接買追蹤這個功能的，可是還是有方法可以幫助你獲得追蹤。首先，你要去找到你的 Instagram 裡最受歡迎的一張照片或素材，畫面中不能夠有任何的 GIF 檔，也不能夠有任何的互動形式，它就只能是很單純的一張照片，加上文字敘述一段話，可以用在剛剛的那個廣告管理員的廣告投放裡面。

文案建議如：「喜歡旅行喜歡攝影希望能找到同好，歡迎追蹤我的 IG。」

如何分析觀眾是否喜歡你的主題？

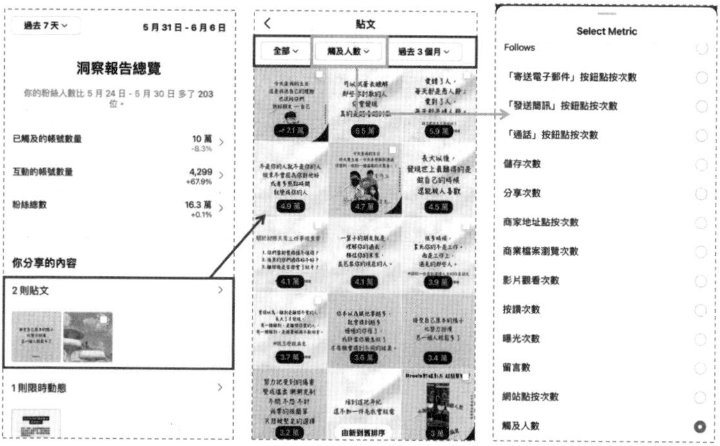

圖說：如何分析觀眾是否喜歡你的主題，切換至「追蹤人數」

這是一則限時動態，做好之後可以查看推廣活動洞察報告，看看這裡的推廣跟剛剛的粉絲專頁推廣，哪一個效果比較好。

這裡比較直接是運用限時動態，它的贊助畫面會比較小，比較不像廣告，所以它這個地方的轉換效果，會比剛剛的那個方式來得好。

常見問題：可以從手機 APP 管理廣告嗎？

我們只要打開 App Store 或 Google Play 商店，然後搜尋「Meta 廣告管理員」，下載 Facebook 官方出版的廣告管理員，就可以透過手機查閱、管理廣告素材。我們可以透過這個 APP 知道花了多少錢，並可以開啟廣告及刪除廣告。如果需要暫停廣告素材，畫面的最上方有一個「暫停」的按鈕，當它變成灰色的，就代表你的廣告暫停了，不會繼續扣款。

藍色就是開啟廣告，你可以透過這裡很快速地打開跟關

圖說：確認廣告開啟與否的位置

閉。手機版本也能快速幫助你修改廣告文案，如果在無法使用電腦的時候，手機版本的廣告管理員會是相當方便，也能夠隨時看到成效的最好方式。

如何讓社群快速的為你變現

如果想要達成社群快速變現，我想先建議各位從「設定變現」的目標開始做起。

如果以一個上班族的平均薪水 4 萬元來說，我們不需要要求到社群可以立刻取代實體的正職工作，而是要想辦法讓社群替收入加值。

簡單來說，在疫情前最直接的方法是舉辦實體活動，收費的金額不用太高，大約 1 個人 300 元左右，扣除掉場地成本，大概 1 個人可以賺 200 元左右，如果有 10 個人願意來上課的話，你就有 2000 元，20 個人就是 4000 元，以此類推，是相當不錯的額外收入。

實際經營的作法，會取決於網紅一開始的設定內容和變現方式。若網紅本身提供的內容取代性高，單純分享美食、旅行等內容，那麼這些內容的取代性高，就不太容易從粉絲中進行轉換。

而我身邊有非常多的職人剛好相反，他們多半是在某個領域已經累積了很久的經營，有很強的能力，像美髮師、美容師甚至是保險業務，經年累月下來都有能力提供新人相關教學，缺乏的是曝光自己的管道和機會，所以這就是社群經營的好處，當職人經營粉絲到一定程度後，除了累積既有客戶之外，還可以運用社群去開發新客戶和願意付費的用戶。

如何運用實體活動變現？

累積到 1 萬名粉絲後，我們可以試著開始思考，如何替自己的社群變現，一開始要考慮到的七大重點如下：**聚會人數、聚會收費金額、聚會時間、聚會場地、聚會內容、聚會報名表及聚會宣傳方式。**

★ 聚會人數

要辦收費聚會這件事，有些讀者可能會覺得不好意思或尷尬，認為推銷和推廣自己的東西，會給別人造成壓力，但這就代表其實你還沒有那麼相信自己的能力，以及自己在做的事情。

我建議初期先以 10 人為目標，把這件事當作一種自我考核的感覺，逐漸給自己一點挑戰。說真的，如果你把自己的知識、經驗當作一部電影的價格，你不會覺得花費兩個小時看一部電影是一件浪費錢的事，那麼為何花兩個小時的時間以及一部電影的金額聽你的分享，會是一種負擔呢？

重點是相信自己，並且說服自己去做和努力。在人數的設定上，以 5 人、10 人、15 人為目標，時間以月為單位，這可以幫助你找到真的志同道合以及願意相信你、支持你的人。

★ 聚會收費金額

這取決於活動成本和你所舉辦的方式，我曾試過舉辦早餐會，每個人收費 500 元，一次找 10 個人來分享自己的目標和年度計畫，每個月聚會一次，檢查自己的目標和計畫。

由於有餐費的原因，收費金額就會拉到 500 元左右，甚至有時候還會更高。若是以講座、桌遊、交流等形式呈現，並且平攤在每個消費者身上，那麼整體的成本就可以壓得較低。

★ 聚會時間

建議至少 2 個小時到 3 個小時之間會比較好。

★ 聚會場地

很多人會對場地有些迷思，總覺得一定要很氣派、漂亮，其實最重要的交通方便就好。

例如曾經有個學生在兩個選擇中猶豫，一個是 2000 元三小時，可以容納 20 人，在捷運站旁邊；另一個是 7000 元很漂亮，四個小時可以容納 50 人，你會選哪一個？

我的選擇在捷運站旁邊，可是我學生選擇的是比較漂亮的，因為他認為要有氣派的教室，看起來比較奢華。

當然每個人都有自己不同的選擇，但我仍然會以交通為優先考量，它不一定要很大，它只要 20 個人，因為如果我一個人收費是 200 元的話，20 個人就是 4000 元，我才可以 cover 得回來這個場地的成本。當然，還是可以依照自己的需求去選擇場地。

聚會的預約平臺，有許多中不同的類型，若以 5 到 10 人之間的分享聚會來說，透過「小樹屋」平臺舉辦 5 至 10 人之間的講座，在臺北的場地費用約每小時落在 200 至 300 元左右，取決於場地的坪數。

★ 聚會內容

當我們在制定線下課程和聚會時，除了課程時間、金額、場地、地點之外，我建議要規劃出兩種不同版本的大綱，一個是簡易版，第二個是延續性的進階課程，可以幫助你把第一堂課已經來上課的人，做較低成本的二次行銷。

曾經有一對一的社群指導的學生與我分享，他們是一對住在高雄的姊妹，從事的是紋眉和清粉刺，已經做了十幾年了，可是由於競爭的關係，客單價就是無法提升，畢竟客單價還是會需要考慮到其他的競爭對手和消費者的荷包，即便我們用 Facebook 和 Instagram 另闢蹊徑，找尋在地商圈的消費者，但消費者也還是會做價格的比較。

因此我建議擁有豐富經驗的姊妹倆，除了做原本擅長的事情之外，還可以運用社群舉辦清粉刺、紋眉等一對一的課程。

運用原本的場地，不用擔心開班人數，並且做自己原本擅長的事。這種形態的教學課程單價，比原本她們在做的客單價高，並可以針對學生收取對應的材料費以及課程費用。最後她們也成功的運用自己既有的資源和社群的協助，更認同自己的能力，讓自己賺到更多的收入。

★ 聚會報名表

最簡單的報名表製作方式，是使用 Google 表單，我在這裡把自己的報名表分享給各位讀者。

報名表的第一部分，我會放課程標題並告訴時間、地點、主題，標題不需要奢華、絢麗，重點是在於清晰易懂。

10/30 冒牌生IG線上直播課（限時優惠500元起）

✔ 經營IG這麼久為什麼沒效果?
如果你也有下述的疑問，請參考這堂 IG 經營實作特訓班

- 如何快速的增加粉絲超過1萬人?
- 如何把照片拍得更好?
- 如何寫出吸引人的自我介紹?
- 如何做出吸引人的版面和貼文內容?
- 如何與廠商談貼文的報價?

圖說：報名表第一部分

第二個部分，我會再做一個課程簡介，用條列式的形式，說明會學到的內容有哪些。

課程說明
上課日期：2022 / 10 / 30 （日）
上課時間：14:00－17:00，共3小時

報名方式：填寫報名表，匯款後即可完成報名。

-
線上課程，以「Google Meet 」進行。課程連結將在報名成功後提供。

-
課程聯絡人：胡
聯絡窗口：https://www.instagram.com/igclass.tw/
請直接私訊，會有小幫手協助回覆
Email：xi

優惠資訊
費　　用：A：單人早鳥優惠價＄800 元（原價4,800元）必須於10月14日以前付款完成，才可使用。
B：兩人同行＄1,000 元

優惠方案僅限二擇一使用

匯款代碼：013 國泰世華
匯款帳戶：69
戶　　名：胡

* 報名並匯款完成後，會計於三天內對帳後，會以Email通知報名成功通知。
* 如有任何問題課程問題，歡迎私訊或Email聯繫。

圖說：報名表第二部分

第三個部分是提供過去的成功案例跟留言，因為我們需要說服粉絲，不是只有自己說好就好，而是來上過課的學生也覺得上了這堂課很有收穫，所以我會給他們看成功的案例好評如潮，這都是我的學生們在不同的平臺的留言。

接下來，會有更進一步的課程說明，在這個說明裡面，我會詳細告訴他們時間、地點、交通，並提供聯絡窗口。

最後，第五部分會提供課程的費用跟匯款的帳號，以及不同的方案費用。如果你覺得多重方案有點複雜，建議可以只給一個方案就好。

當時我提供了 A、B、C 三個方案，是因為我會試著運用早鳥方案給較早報名的客戶一些優惠，其次是提供兩人同行方案，讓消費者自行連一拉一，做到疊加客戶的效果。

如果有一個人想上課，可以拉另一個人結伴同行，這樣可以一次行銷兩個人，口碑也可以一次擴散到兩位，對課程是相當有利的方式。

第一次經營自己課程的人，我不建議分那麼多不同的種類，可以先從一個人 200、300 元開始，做出口碑後再慢慢調整價格，循序漸進的行銷方式，也是相當重要的。

然後最重要的，當然就是基本資料，基本上要有姓名、性別、E-mail、聯絡方式，以及匯款人帳號末五碼。

姓名 *

您的回答

性別 *

○ 女

○ 男

E-mail *

您的回答

聯絡電話 *

您的回答

IG 帳號 （例：inmywordz） *

您的回答

圖說：報名表第三部分

最後，提供學員備註欄位，讓他們可以輸入一些問題，方便你可以提前知道這個學生特別在意的問題，也可以適時調整當天的課程內容。

透過這個報名表的製作，還有剛剛如何變現的説明，大家可以不用把變現想得那麼複雜和困難。當你試過一次以後，把整體內容變成持續性的服務，結合線上線下，就可以幫助你更快速的在社群經營中獲得變現的能力。

★ 聚會宣傳方式

課程宣傳週期是很容易忽略的事情，千萬不要傻傻的只用兩個禮拜做宣傳，也不要認為發一則貼文就會有效果，就連像我們這樣人數比較多的網紅，也是要反覆的讓他了解，我們東西的價值在哪裡，所以當我在宣傳課程的時候，多半都是會抓一個月到一個半月的時間，也就是 30 至 40 天左右的時間。

實際課程執行之前，這 30 天的宣傳期，是要讓你的消費者透過不同的方式，理解你這個課程的重點，如果持續的舉辦課程做出口碑之後，你每一個月的學生來參加課程的成本就會持續降低，並達到二度口碑傳播的效應。

結語
世界唯一不變的就是一直改變

在後疫情時代，生活逐漸步入正軌，但有些事情彷彿回不去了。世界的脈動在改變，人類的生活在改變，有些人在疫情期間可能沒有工作，有些人賴以維生的產品、店面由於沒有實體通路的消費者，再也支撐不下去。

我相信，在後疫情時代，一定有越來越多的人開始思考自己想要的到底是什麼？因為這幾年我在替各大企業和政府單位上社群經營的相關課程時，也常被同學們詢問，如何替自己創造更多的價值？如何開啟斜槓？如何打造被動的收入？

這些問題歸根究底，就是因為世界變得越來越貴，錢變得越來越薄，工作、生活、付帳買單，我們似乎總在努力，卻又不知道到底該努力多久，才能達到自己想要的成績。

其實，寫到這裡，我很難下筆，畢竟疫情期間我也一度迷惘過，最主要的原因是我的工作有很多種來源，出書、演講、實體課程、業配、廣告、線上課程、團購……，可能你認識我的原因是我的書、我在各大社群平臺分享的語錄，或是我在部落格介紹的甄嬛學、動漫和電影等。

看似多元的身分，也讓我像個陀螺一樣轉個不停，在如此忙碌的時間裡，我發現自己寫作的時間越來越少，一眨眼，距離我的上本書已經有 4 年多的時間了。

疫情以前，我是一年寫一本，整整寫了八本書，內容包含了動漫感悟、夢想、青春、愛情、社群和療傷，我把我的故事用一本又一本的書記錄起來。

然而疫情期間世界變了，我一度不知道還能再寫什麼了。

許多讀者會問我，你是不是應該像九把刀、藤井樹一樣，是不是要去寫小說，然後把自己的小說拍成電影？

我被問到一度都不曉得該怎麼回答這些問題，彷彿只要你不寫出一本小說，不去拍電影，你就不是好作家。後來我開始去想，我和其他作家有什麼不一樣？我是從社群起家的，我可以把我學會的 Facebook、Instagram、短影音這些資訊，用我的文字深入淺出的分享給大家，這些可能是他們做不到的事情，這讓我不再徬徨。

也許我沒辦法做到像侯文詠、九把刀、藤井樹那些人可以做到的事，用寫小說的方式反應這個社會的不同面向，但是我終於找到我的路，適合我的方向。

一路到現在，我也寫了九本書，而且賣得也還不錯，足以付帳買單，也完成了作家的夢想。我甚至透過社群，開拓了另外的一條路，雖然還有很多不夠好的地方，沿路上也有很多遺憾，然而這次的疫情讓我有幸停下腳步，思考自己的方向，並且明白了，世界會一直改變，而不變的是，願意去嘗試、去學習的你和我，最終會走出一條最適合自己的路。

也希望這本書能讓你看到我在社群的體會和誠意，幫助到有需要的人。

超越地表最強小編！社群加薪時代讓你幫自己每月加薪 20%

社群經營達人冒牌生不藏私**最完整圖文教學**，FB、IG、LINE、YT……自媒體變現全攻略

作　　者／冒牌生
美術編輯／孤獨船長工作室
責任編輯／許典春
企畫選書人／賈俊國

總 編 輯／賈俊國
副總編輯／蘇士尹
編　　輯／高懿萩
行銷企畫／張莉滎・蕭羽猜・黃欣

發 行 人／何飛鵬
法律顧問／元禾法律事務所王子文律師
出　　版／布克文化出版事業部
　　臺北市中山區民生東路二段 141 號 8 樓
　　電話：(02)2500-7008 傳真：(02)2502-7676
　　Email：sbooker.service@cite.com.tw
發　　行／英屬蓋曼群島商家庭傳媒股份有限公司城邦分公司
　　臺北市中山區民生東路二段 141 號 2 樓
　　書虫客服服務專線：(02)2500-7718；2500-7719
　　24 小時傳真專線：(02)2500-1990；2500-1991
　　劃撥帳號：19863813；戶名：書虫股份有限公司
　　讀者服務信箱：service@readingclub.com.tw
香港發行所／城邦（香港）出版集團有限公司
　　香港灣仔駱克道 193 號東超商業中心 1 樓
　　電話：+852-2508-6231 傳真：+852-2578-9337
　　Email：hkcite@biznetvigator.com
馬新發行所／城邦（馬新）出版集團 Cité（M）Sdn.Bhd.
　　41，JalanRadinAnum，BandarBaruSriPetaling，
　　57000KualaLumpur，Malaysia
　　電話：+603-9057-8822 傳真：+603-9057-6622
　　Email：cite@cite.com.my
印　　刷／韋懋實業有限公司
初　　版／2023 年 3 月
定　　價／380 元
ＩＳＢＮ／978-626-7256-43-5
ＥＩＳＢＮ／9786267256466(EPUB)

城邦讀書花園 www.cite.com.tw
布克文化 WWW.SBOOKER.COM.TW